QGIS 遥感应用丛书

第四册

QGIS 水利和灾害应用

Nicolas Baghdadi
〔法〕 Clément Mallet 编
Mehrez Zribi

陈长林 贾俊涛 邓跃进
王 星 龚天昱 译

科学出版社
北 京

图字号：01-2020-5322

内 容 简 介

水资源管理和灾害防控是地理信息系统（GIS）应用的重要领域。本书展示了在处理水利和风险问题过程中如何使用 QGIS 的应用案例，包括利用高空间分辨率多光谱卫星影像监测沿海水深、沿海湿地地形和生物演化、水库水文监测卫星影像分析、网络分析与路径选择、城市及周边地区排水网络提取、旱灾制图、基于景观指标的空间采样设计在害虫调节中的应用以及应用 RUSLE 方程构建侵蚀灾害模型。

本书详细介绍了每个应用案例的数据来源、方法和 QGIS 操作步骤，为读者提供了使用 QGIS 解决实际应用问题的思路和方法。读者亦可在本书提供的网站获取相关数据和资料。

本书可作为地理信息工程专业的教材，也适合于需要使用 QGIS 软件开发空间和非空间应用的读者。

图书在版编目（CIP）数据

QGIS 水利和灾害应用/（法）尼古拉斯·巴格达迪（Nicolas Baghdadi）等编；陈长林等译. —北京：科学出版社，2020.10
（QGIS 遥感应用丛书. 第四册）
书名原文: QGIS and Applications in Water and Risks
ISBN 978-7-03-066226-2

Ⅰ. ①Q… Ⅱ. ①尼… ②陈… Ⅲ. ①地理信息系统–应用–环境水文学 ②地理信息系统–应用–灾害防治 Ⅳ. ①X143 ②X4

中国版本图书馆 CIP 数据核字（2020）第 180396 号

责任编辑：杨明春 韩 鹏 陈姣姣 / 责任校对：王 瑞
责任印制：吴兆东 / 封面设计：图阅盛世

QGIS and Applications in Water and Risks
Edited by Nicolas Baghdadi, Clément Mallet and Mehrez Zribi
ISBN 978-1-78630-271-7
Copyright©ISTE Ltd 2018
The rights of Nicolas Baghdadi, Clément Mallet and Mehrez Zribi to be identified as the authors of this work have been asserted by them in accordance with the Copyright, Designs and Patents Act 1988.
All Rights Reserved. This translation published under license. Authorized translation from the English language edition, Published by John Wiley & Sons. No part of this book may be reproduced in any form without the written permission of the original copyrights holder.

科学出版社出版
北京东黄城根北街 16 号
邮政编码：100717
http://www.sciencep.com

北京建宏印刷有限公司 印刷
科学出版社发行 各地新华书店经销

*

2020 年 11 月第 一 版 开本：720×1000 B5
2020 年 12 月第二次印刷 印张：15 1/4
字数：308 000
定价：128.00 元
（如有印装质量问题，我社负责调换）

译 者 序

"站在巨人的肩膀上"

　　认知世界是人类生存和发展的基本前提。过去，人们通过脚步丈量世界；现在，人们可以遥知世界。遥感卫星无疑扩展了人类的眼界，各类遥感信息的提取与应用不断丰富着人们对世界的认知。随着经济社会的飞速发展，山水林田湖与城市景观等自然和人文地理要素变化日新月异，通过遥感手段进行环境监测、分析与应用的需求越来越多。"工欲善其事，必先利其器"，说到遥感科学研究与应用，大多数业内人士想到的可能是 ENVI/IDL 和 ERDAS IMAGINE 等商业软件。这些商业软件虽然功能强大，但是运行环境要求高，售价不菲，在一定程度上限制了遥感科学研究的探索与试验，也不利于促进遥感应用向大众化和社会化方向发展。

　　我长期从事地理信息系统（GIS）平台研发工作，早在 2006 年就已开始密切关注并着手研究各类开源 GIS，一方面跟踪前沿技术动态，另一方面汲取 GIS 软件设计与开发的经验。早期的开源 GIS 无法与商业 GIS 较量，但是近些年来，随着开源文化的日益盛行，开源 GIS 领域不断涌现出一些先进成果，如 OpenLayers、Cesium、OSGEarth 等，这些优秀成果或多或少被当今各类商业 GIS 所采用、借鉴或兼容。QGIS 是目前国际上功能最强大的开源免费桌面型 GIS，具备跨平台、易扩展、使用简便、稳定性好等优点，在常规应用上可以替代 ArcGIS，已经得到越来越多用户的认可。

　　2019 年我正酝酿着编写《QGIS 桌面地理信息系统应用与开发指南》，旨在阐述 QGIS 设计架构和应用案例。当我查阅到 QGIS IN REMOTE SENSING SET 这套丛书时，意外地发现原来 QGIS 不仅仅可以作为通用 GIS 平台，还可以在遥感应用领域大显身手，更难得的是，这套书有机融合了案例、数据、数学模型、工具使用等多方面内容，正好契合我的想法。为了尽快推进 QGIS 在国内应用，我随即将编著计划延后，召集相关单位人员组成编译成员组，优先启动了译著出版计划。不过，好事多磨，从启动计划到翻译完成，足足花费了一年半时间，中间还出现过不少小插曲。幸好，团队成员齐心协力克服种种困难，终于让译著顺利面世。

　　本套译著共分四册，涵盖了众多应用案例，包括疫情分布制图、土壤湿度反演、热成像分解、植被地貌制图、城市气候模拟、风电场选址、生态系统评估、生物多样性影响、沿岸水深反演、水库水文监测、网络分析、灾害分析等。全书由海军研究院、火箭军研究院、战略支援部队信息工程大学、武汉大学、天津大学、厦门理工学院等六个单位共同完成。其中，我和贾俊涛高级工程师负责协调组织，完成部分翻译并对全书进行统稿审校，四册书参与人员如下。

（1）第一册《QGIS 和通用工具》：陈长林高级工程师、邓跃进副教授、满旺副教授、魏海平教授、刘旻喆同学、涂思仪同学。

（2）第二册《QGIS 农林业应用》：陈长林高级工程师、贾俊涛高级工程师、邓跃进副教授、陈换新工程师、涂思仪同学。

（3）第三册《QGIS 国土规划应用》：陈长林高级工程师、贾俊涛高级工程师、邓跃进副教授、张殿君讲师、刘呈理同学、刘旻喆同学。

（4）第四册《QGIS 水利和灾害应用》：陈长林高级工程师、贾俊涛高级工程师、邓跃进副教授、王星讲师、龚天昱同学。

战略支援部队信息工程大学的郭宏伟和于靖宇两位同学，武汉大学的龚婧、李颖、余佩玉、陈发、孟浩翔等同学，参与了文字规范和查缺补漏工作，在此表示感谢。

本书内容专业性较强，适合作为地理信息科学研究、应用开发与中高级教学的参考用书。翻译此书不但需要扎实的专业知识以准确理解原文，而且需要字斟句酌反复推敲才能准确用词。由于我们知识水平有限，译著中难免有疏漏或翻译欠妥之处，敬请读者不吝赐教。

陈长林

前　言

在全球变化（气候原因和人为原因）背景下，自然资源管理人员必须了解并量化各种水资源的动态及其风险，以确保能提出最有效的规划解决方案并适应全球变化。得益于终端用户可获取的遥感数据、测量网络以及现势产品急剧增加（如今与之相关的若干哥白尼服务也因此成熟），地理信息系统（GIS）成为该领域的强有力工具。

本书专门阐述 QGIS 的各种演示和操作，以及其处理水资源和风险问题的案例库。第 1、2 章讨论水深测绘的应用，第 3～5 章从面（水库）和线（网络）的角度对水文问题进行了讨论，第 6～8 章专门展示了不同类型的危害（干旱、作物病虫害、侵蚀）引起的三类风险。

本书由本领域内享誉国际的科学家联合编写，详述未来数年内的主要研究及开发的焦点议题，旨在帮助读者更新相关领域的认知。本书适用于测绘学研究团队、高年级学生（硕士研究生、博士研究生），以及参与水和土地资源管理的工程师开展相关研究。除了本书提供的文字内容外，读者还可以获得数据和工具，以及 QGIS 应用程序实现步骤的屏幕截图，以顺利执行每个应用的各个环节。

各章的补充资料，包括数据影像和实际应用的屏幕截图，都可以通过以下途径获取。

使用浏览器：ftp://193.49.41.230；

使用 FileZilla 客户端：193.49.41.230；

用户名：vol4_en；

密码：334@Volne。

我们衷心感谢所有参与本书撰写的人。首先是每一章的作者，以及对每一章内容进行了检查及纠正的科学委员会的各位专家。此外还要感谢法国环境与农业科技研究院（French National Research Institute of Science and Technology for the Environment and Agriculture，IRSTEA）、法国国家科研中心（French National Center for Scientific Research，CNRS）、法国国家地理和森林信息研究所（National Institute of Geographic and Forest Information，IGN）和法国国家空间研究中心（French National Center for Space Studies，CNES）的大力支持。

感谢空中客车防务及航天公司和法国科学设备专项计划项目"法国领土卫星全覆盖"（Equipex Geosud）提供的 SPOT-5/6/7 影像。这些影像只可用于科学研究和培训，严格禁止用于任何商业活动。

我们还要感谢家人的支持，感谢 Andre Mariotti（皮埃尔和玛丽居里大学名誉教授）和 Pierrick Givone (IRSTEA 院长)的鼓励和支持，使本书得以出版。

Nicolas Baghdadi

Clément Mallet

Mehrez Zribi

尼古拉斯·巴格达迪

克莱芒特·马利特

迈赫雷兹·兹里布

目　　录

译者序
前言
1 利用高空间分辨率多光谱卫星影像监测沿海水深 ………………………… 1
　1.1　定义、背景和目的 ………………………………………………………… 1
　1.2　方法描述 …………………………………………………………………… 2
　　　1.2.1　多光谱卫星影像（MSI）的选择和预处理 …………………………… 3
　　　1.2.2　校正水深反演模型 …………………………………………………… 5
　　　1.2.3　掩膜的准备和应用 …………………………………………………… 6
　　　1.2.4　主要沉积构造形态演变的特征描述 ………………………………… 7
　1.3　实际应用 …………………………………………………………………… 7
　　　1.3.1　软件和数据 …………………………………………………………… 8
　　　1.3.2　兴趣区的提取和预处理 ……………………………………………… 10
　　　1.3.3　计算水深 ……………………………………………………………… 15
　　　1.3.4　掩膜的准备和应用 …………………………………………………… 21
　　　1.3.5　主要海底沉积构造形态演化特征描述 ……………………………… 27
　1.4　参考文献 …………………………………………………………………… 29
2 地形-水深综合模型在沿海湿地演化研究中的应用：伊奇库尔湿地
　（突尼斯北部）地形与生物演化实例 ………………………………………… 30
　2.1　沿海湿地动态 ……………………………………………………………… 30
　2.2　伊奇库尔湿地 ……………………………………………………………… 30
　2.3　综合地形-水深模型的面向对象分类法 …………………………………… 32
　　　2.3.1　建立地形-水深DTM ………………………………………………… 33
　　　2.3.2　影像处理 ……………………………………………………………… 36
　　　2.3.3　分割 …………………………………………………………………… 41
　　　2.3.4　分类 …………………………………………………………………… 42
　　　2.3.5　方法的局限性 ………………………………………………………… 43
　　　2.3.6　与植被群落相关的地形-水深断面实例 ……………………………… 43
　　　2.3.7　结论 …………………………………………………………………… 45

2.4 QGIS 实现 ··· 45
2.4.1 软件和数据 ·· 45
2.4.2 计算地形-水深 DTM ·· 47
2.4.3 影像预处理 ·· 50
2.4.4 分割 ·· 56
2.4.5 分类 ·· 61
2.5 参考文献 ·· 65

3 水库水文监测卫星影像分析 ·· 66
3.1 背景 ·· 66
3.1.1 科学问题 ·· 66
3.1.2 物理和人文环境 ·· 66
3.1.3 印度中部水资源的重要性 ······································ 66
3.2 方法和数据集 ·· 67
3.2.1 方法 ·· 67
3.2.2 数据集 ·· 67
3.2.3 准备数据集 ·· 69
3.3 辛古尔水库区的提取和量化 ·· 70
3.3.1 计算 AWEI 指数 ·· 70
3.3.2 构建水陆二值栅格影像 ·· 71
3.3.3 二值栅格矢量化 ·· 73
3.3.4 选择水体多边形 ·· 73
3.3.5 计算水库的水面面积 ·· 74
3.4 植被特征 ·· 75
3.4.1 选择植被状态指标 ·· 76
3.4.2 计算研究区的 SAVI ··· 76
3.4.3 创建陆地-水体掩膜 ·· 77
3.4.4 SAVI 地表指数统计 ··· 77
3.5 构建 QGIS 模型实现处理链自动化 ·································· 78
3.5.1 模型设置 ·· 79
3.5.2 构建提取水库的处理链 ·· 80
3.6 结论 ·· 88
3.7 参考文献 ·· 89

4 QGIS 网络分析和路径选择 ·· 90
4.1 概述 ·· 90
4.2 基本概念 ·· 90

		4.2.1 网络的定义	90
		4.2.2 网络拓扑	91
		4.2.3 拓扑关系	92
		4.2.4 图遍历：最短路径案例（Dijkstra）	93
	4.3	水文网络的构建和分析实例	93
	4.4	专题分析	95
		4.4.1 概述	95
		4.4.2 使用数据	96
		4.4.3 网络一致性检查	96
		4.4.4 路线安排	101
		4.4.5 将观测点校正到网络上	102
		4.4.6 网络分类	104
		4.4.7 观测站描述	105
		4.4.8 计算观测点间的距离	109
		4.4.9 上游路径及流域计算	111
		4.4.10 下游路径	113
		4.4.11 计算有效区域	116
	4.5	参考文献	119

5 应用伪凸面要素组成的二维多边形网格表示城市及城市周边地区的排水网络 ··· 121

	5.1	背景	121
		5.1.1 目标	121
		5.1.2 获取 GIS 图层输入	123
		5.1.3 识别形状不良的水文响应单元和提高模型格网质量的方法	124
	5.2	TriangleQGIS 模块的实现和基本方法	127
		5.2.1 应用技术	127
		5.2.2 基本方法	127
		5.2.3 QGIS 插件的结构	129
		5.2.4 基础库：MeshPy	129
		5.2.5 在 Windows 系统中安装插件	129
		5.2.6 安装虚拟机、QGIS 插件和 Geo-PUMMA	133
	5.3	TriangleQGIS 插件及 Geo-PUMMA 脚本说明	140
		5.3.1 为狭长多边形添加结点	141
		5.3.2 用 TriangleQGIS 插件进行三角剖分	141
		5.3.3 分解三角形要素	148

   5.3.4 模型格网优化的效果 ·················· 151
 5.4 致谢 ······························ 151
 5.5 参考文献 ···························· 152

6 旱灾制图 ···························· 154
 6.1 背景 ······························ 154
 6.2 卫星数据 ···························· 155
  6.2.1 MODIS 产品 ······················ 155
  6.2.2 土地覆盖图 ······················ 155
 6.3 基于卫星 NDVI 数据的干旱指数 ··············· 155
 6.4 方法 ······························ 156
  6.4.1 MOD13Q1 影像的预处理 ··············· 157
  6.4.2 划定干旱地区 ····················· 157
  6.4.3 计算受干旱影响的农业、城市、森林区域面积 ····· 157
 6.5 QGIS 应用实现 ························ 158
  6.5.1 下载 MODIS MOD13Q1 数据 ············· 158
  6.5.2 MODIS MOD13Q1 数据预处理 ············ 161
  6.5.3 计算 VCI 指数 ···················· 162
  6.5.4 划定干旱地区 ····················· 165
  6.5.5 计算受干旱影响的农业、森林和城市面积 ······· 169
  6.5.6 结果可视化 ······················ 171
 6.6 干旱地图 ···························· 176
 6.7 参考文献 ···························· 177

7 基于景观指标的空间采样设计在害虫调节中的应用：塞内加尔邦贝地区黍米头蝇案例研究 ·················· 178
 7.1 定义和背景 ·························· 178
 7.2 空间采样方法 ························· 179
  7.2.1 景观指标的量化 ··················· 180
  7.2.2 制定采样方案 ····················· 183
  7.2.3 将选择的采样点输出到 GPS 中 ············ 184
 7.3 实际应用 ···························· 185
  7.3.1 软件和数据 ······················ 185
  7.3.2 计算景观变量 ····················· 185
  7.3.3 采样方案设计 ····················· 192
  7.3.4 集成采样点到 GPS 设备 ··············· 198
  7.3.5 方法的不足 ······················ 200

7.4 参考文献 ··· 200

8 应用 RUSLE 方程构建侵蚀灾害模型 ··· 202
8.1 定义和背景 ··· 202
8.2 RUSLE 模型 ··· 202
8.2.1 气候因子：降雨侵蚀性 R ·· 204
8.2.2 地形因子：坡长和坡度 ·· 205
8.2.3 土壤类型和土地覆盖因子 ·· 206
8.2.4 估计土壤流失 A ·· 208
8.2.5 方法的局限性 ·· 209
8.3 RUSLE 模型的实现 ·· 209
8.3.1 软件和数据 ·· 209
8.3.2 计算 R 因子 ·· 211
8.3.3 计算 LS 因子 ··· 215
8.3.4 准备 K 因子 ·· 224
8.3.5 创建 C 因子 ·· 225
8.3.6 基于 RUSLE 方程计算土壤流失 A ································· 229
8.4 参考文献 ·· 230

1

利用高空间分辨率多光谱卫星影像监测沿海水深

Bertrand Lubac

1.1 定义、背景和目的

在本章中,瞬时水深(H)定义为特定时间内水面到水底的垂直距离,取负值。在与潮汐环境相关的沿海浅水区,H 的变化首先取决于潮汐相位。潮汐(T)引起的水位可从本地潮汐基准面计算,通常取正值。本地潮汐基准面提供了相对于参考水准面[T_0,还如法国海道测量局(SHOM)定义为最低天文潮]的标准高度。

水深(Z)是根据潮汐基准面改正的从水面到水底的垂直距离。读者可参考国际海道测量组织(IHO)关于海道测量标准的出版物[①]以获取更多相关信息。根据之前的定义,Z、H 和 T 之间的关系如下:

$$Z = H + T \quad (1.1)$$

当 $|H|>|T|$ 时,Z 为负值,表示底部高程低于潮汐基准的参考高程(图 1.1,情形 1)。在其他情况下,Z 为正值,表示底部高程高于参考高程(图 1.1,情形 2)。

水深是研究和模拟水动力学、沉积物迁移和海岸系统长期形态演变,预测水文、大气和海洋灾害影响及评估环境风险脆弱性的关键环境参数。因此,如何进行精确和定期的水深测量是具有重要社会经济意义的重大科学问题之一。

目前,有多种不同的水深测量系统。船载或机载的主动式传感器(单波束或多波束回声测深仪,测深激光雷达 LiDAR[②]),能够提供稳健的高质量产品。主要安装在机载航天器上的被动式光学传感器(多光谱辐射计和高光谱摄像机)仍在

---

① https://www.iho.int/iho_pubs/standard/S-44_5E.pdf(译者注:可访问网站修改为 https://iho.int/uploads/user/pubs/standards/s-44/S-44_5E.pdf,2020.10.23)。

② 激光雷达(light detection and ranging)。

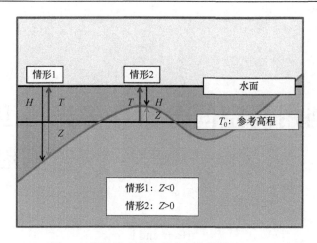

图 1.1 沿海浅水区水位主要参数描述

瞬时水深(H),指定时间的潮汐(T)和水深(Z)。该图的彩色版本(英文)请参见 www.iste.co.uk/baghdadi/qgis4.zip,2020.10.23

不断研发中。由这类观测系统实现的水深测量,通常比主动式传感器获取的产品呈现出更大的不确定性。但是,多光谱和高光谱方法能以较低的成本,提供具有较高采集频率和较大采样范围的数据。

这些不同的观测系统能提供高度互补的数据,有利于解决业务运营和科学研究问题。目前,多源水深测量重构技术的发展,促进了不同来源和质量的观测资料的联合应用。本章即是从这个角度出发,描述了一种简单稳健的水深测量反演方法。

本章的目的是提供一种简单的方法,利用多光谱卫星影像绘制阿卡雄(Arcachon,法国城市)潟湖入口的深度图,刻画沉积物的时态演变特征。该方法已通过科学研究验证,其衍生产品也被决策者广泛运用。本章根据教学原则阐述该方法涉及的技术,完全适合非专业读者。在以下各节中,将利用该方法处理两幅获取间隔为一年的哨兵 2 号(Sentinel-2)多光谱仪(MSI)影像。

1.2 方法描述

利用多光谱卫星影像测量水深有两种方法,即经验法和半分析法[CAP 14]。经验法基于统计模型,根据外业测深数据和同一地理位置卫星测量结果得到的大气表观(ρ_{TOA})或水面(ρ_w)反射率构建。半分析法基于物理模型,将 H 作为 ρ_w 的函数进行计算。然而,物理模型的一些参数校正需要优化。优化过程通常基于外业测量获得的训练数据集。

经验法有两个优点:①算法实现简单;②可以直接使用 ρ_{TOA}。后者对于沿海水域开展水色应用特别重要。计算 ρ_w 需要经过特定且复杂的校正，以消除大气对 ρ_{TOA} 的影响。主要缺点是需校正外业数据集中各影像的统计模型，这些数据集在统计学意义上应能代表所研究的区域。此外，经验法通常假定底质和水柱的光学性质是同质的。

考虑以下因素，本章研究案例选择经验法：

（1）具有前面提到的优点；

（2）可以使用外业测深数据校正测深反演的统计模型；

（3）研究区的光学特性具有准空间同质性。

水深测图的一系列处理流程如图 1.2 所示。为便于阅读，处理主要分为四个步骤，从校正环境影响产生的影像噪声（太阳耀斑）到刻画主要沉积物结构形态演变：

（1）选择和下载影像，提取兴趣区（ROI）并处理环境影响；

（2）将水深数据从矢量格式转换为栅格格式，并校正统计模型；

（3）提取并融合未淹没的陆面和深度在有效范围外的水面；

（4）刻画主要沉积物结构的形态演变。

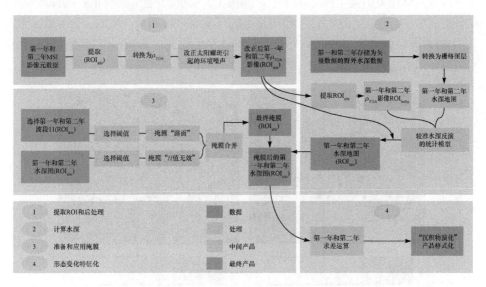

图 1.2　用于 QGIS 水深制图的影像处理流程

该图的彩色版本（英文）参见 www.iste.co.uk/baghdadi/qgis4.zip，2020.10.23

1.2.1　多光谱卫星影像（MSI）的选择和预处理

第一步是选择并下载多光谱卫星影像（MSI）、提取兴趣区（ROI）以及对 ρ_{TOA}

进行环境噪声改正。选择 MSI 影像的标准是：①适宜的大气条件，即较低的云层像素百分比和较低的气溶胶光学厚度；②均匀的海水光学性质，即无羽流（如由粒子再悬浮造成的羽流）、无水华。MSI 影像可以从不同的公共平台下载，这些平台免费提供了哨兵 2 号卫星用户产品。在此，建议在哥白尼开放访问中心[①]下载 1C 级（Level-1C）产品[②]。该产品提供了经亚像素级多光谱配准和正射校正后的 ρ_{TOA}，并通过一个固定系数（默认为 1000）将取值范围原本通常为 0～1 的 ρ_{TOA} 转换为整数值（Ⅳ；采用 12 比特位编码）。1C 级影像一般对应一组瓦片，每张瓦片是 UTM/WGS84 投影下 100km×100km 的正射影像，且每个光谱波段都有对应的瓦片。包含所有波段的一个 1C 级影像文件大小约为 500MB。当研究区小于瓦片尺寸时，建议提取出兴趣区（ROI_{site}）以缩减文件大小。

提取 ROI_{site} 并从 Ⅳ 转化为 ρ_{TOA} 的 QGIS 功能如下。
- ROI_{site} 提取：Raster→Extraction→Clipper…
- 从 Ⅳ 转化为 ρ_{TOA}：Raster→Raster Calculator…

沿海水体相关的高空间分辨率卫星影像（0～10m）通常具有很强的环境噪声，在分析前应进行校正。这种自然噪声是不同环境因素影响而产生的，会导致像素间 ρ_{TOA} 的差异与深度、海水和底质的光学特性变化无关。影响沿海环境遥感数据精度的主要因素之一是太阳耀斑，即来自海水表面的太阳光镜面反射（图 1.3）。

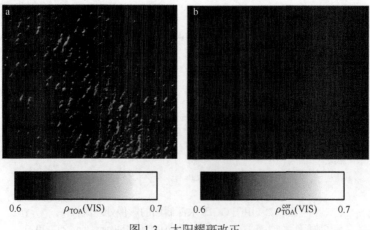

图 1.3　太阳耀斑改正
a. 获取的波段 3（560nm）MSI 影像，显示了太阳耀斑对 ρ_{TOA}(VIS) 的影响；
b. 使用 Hedley 等[HED 05]的方法进行太阳耀斑改正后的影像（ρ_{TOA}^{cor}(VIS)）

① https://scihub.copernicus.eu/，2020.10.25。
② https://sentinels.copernicus.eu/web/sentinel/technical-guides/sentinel-2-msi/level-1c-processing，2020.10.25。

目前已有多种方法改正 ρ_{TOA} 中的太阳耀斑，参见综述性参考文献[BRU 15]。本章选择 Hedley 等[HED 05]提出的太阳耀斑改正方法，步骤如下：

（1）提取光线均匀的深水区①作为兴趣区（$\text{ROI}_{\text{sunglint}}$）；

（2）确定 $\rho_{\text{TOA}}(\text{NIR})$ 的最小值（MIN），以及利用 $\rho_{\text{TOA}}(\text{VIS})$（因变量）和 $\rho_{\text{TOA}}(\text{NIR})$（自变量）进行线性回归拟合的斜率（$b$），NIR 和 VIS 分别为近红外与可见光波段；

（3）使用以下公式改正所有兴趣区的 $\rho_{\text{TOA}}(\text{VIS})$：

$$\rho_{\text{TOA}}^{\text{cor}}(\text{VIS}) = \rho_{\text{TOA}}(\text{VIS}) + b(\text{MIN} - \rho_{\text{TOA}}(\text{NIR})) \qquad (1.2)$$

其中，$\rho_{\text{TOA}}^{\text{cor}}(\text{VIS})$ 为可见光波段耀斑改正后的反射率。之后将用 $\rho_{\text{TOA}}^{\text{cor}}$ 反演 Z，为便于阅读，将不再使用上标"cor"。

> 太阳耀斑改正的 QGIS 功能如下。
> - 提取 $\text{ROI}_{\text{sunglint}}$：Raster→Extraction→Clipper
> - 计算线性回归斜率 b：Processing→Toolbox→GRASS GIS 7 commands→r.regression.line
> - 太阳耀斑改正：Raster→Raster Calculator…

1.2.2 校正水深反演模型

这一步是用多光谱影像校正反演水深（Z）的经验模型。经验模型基于 Maritorena 等[MAR 94]提出的解析式，建立了瞬时水深（H）和出水反射率（ρ_{w}）之间的关系：

$$H = -\frac{1}{2K}\left[\ln\left(\rho^{\text{bottom}} - \rho_{\text{w}}^{\text{deep}}\right) - \ln\left(\rho_{\text{w}} - \rho_{\text{w}}^{\text{deep}}\right)\right] \qquad (1.3)$$

其中，K 为垂向平均影响系数或实际衰减系数，m^{-1}；ρ^{bottom} 为底部反射率；$\rho_{\text{w}}^{\text{deep}}$ 为光学深水区的反射率。对于光线均匀的区域，可将 K、$\rho_{\text{w}}^{\text{deep}}$ 和 ρ^{bottom} 视为常数。此时可简化式（1.3），得到由以下公式给出的经验模型：

$$Z = \alpha + \beta \times \ln(\rho_{\text{TOA}}(\text{G}) - \rho_{\text{TOA}}^{\text{deep}}(\text{G})) \qquad (1.4)$$

其中，G 为位于绿光波长区间的光谱波段；α 和 β 为每幅影像中必须通过外业测深数据和 $\rho_{\text{TOA}}(\text{G})$ 进行线性回归计算得到的常数。选择 G 波段是因为这些波段对

---

① 光学上的深水区确定了海水像素的范围。在这些像素点上，水体表面发出的辐射信号不受海底影响。

应的 K 最小，可适用于计算更大的水深 Z 值。ρ_w 可用 ρ_{TOA} 替代。这种简化是基于两个参数间存在线性关系这一假设。同理，用 Z 代替 H [式（1.1）]。这里还假设了潮汐（T）引起的水位在给定影像的整个区域内为准常数。但是，这一假设并不完全正确。在给定的时间内，根据气象和潮汐条件，在阿卡雄湾处 T 的大小从几厘米到几十厘米不等。这一假设对水深测量的反演造成了几个百分点的不确定度，相对其他误差来源而言，可认为这是合理的（CAP 14）。

校正经验模型的方法如下：

（1）将外业测深数据从矢量转化为栅格；

（2）利用 $ROI_{sunglint}$ 相关的 $\rho_{TOA}(G)$ 子影像确定 $\rho_{TOA}^{deep}(G)$ 的值；

（3）从 ROI_{site} 中提取外业测深数据栅格影像（ROI_{bathy}）地理范围相关联的 ROI；

（4）根据 ROI_{bathy} 相关的 $\rho_{TOA}(G)$ 子影像计算 $\ln(\rho_{TOA}(G) - \rho_{TOA}^{deep}(G))$；

（5）使用线性回归确定常数 α 和 β [式（1.4）]；

（6）使用经验模型计算整个研究区的水深。

值得注意的是，不建议读者计算水深测量反演的误差，因为没有额外的数据验证此数据集。

> 校正经验模型的 QGIS 功能如下。
> - 外业测深数据的格式转换：Raster→Conversion→Rasterize
> - 提取 ROI_{bathy}：Raster→Extraction→Clipper…
> - 计算 $\ln(\rho_{TOA}(G) - \rho_{TOA}^{deep}(G))$：Raster→Raster Calculator…
> - 计算常数 α 和 β：Processing→Toolbox→GRASS GIS 7 commands→r.regression.line
> - 计算水深：Raster→Raster Calculator…

1.2.3 掩膜的准备和应用

这一步主要是准备两个掩膜，然后应用于水深图。掩膜的目的是屏蔽未淹没的陆面（"陆面"）和水深超过有效范围（"H 无效"）的水面对应的像素。被屏蔽的像素编码为"no data"值。

"陆面"掩膜使用位于短波红外波段（SWIR）约 1610nm 处的 MSI 波段 11。对于沿海环境，$\rho_{TOA}(SWIR)$ 的绝对频率直方图通常呈双峰分布。第一（第二）峰值，即 $\rho_{TOA}(SWIR)$ 较低（较高）值，与水面（陆面）对应，因为海水像素辐射信号测量仅依赖于大气分量，由太阳入射光辐射通量产生的分子和气溶胶扩散过程决定。由于纯净海水吸收了大量光，这里可假定与海洋信号相关的表面分量为零。因此，通过分析直方图阈值，可以区分水体和非水体像素。需要注意的是，SWIR波段的空间分辨率为20m，而可见光和近红外波段的空间分辨率为10m。因此，在处理前须对SWIR影像重采样，转换为10m的影像。

"H 无效"掩膜与测深产品的有效域相关，主要基于Capo等[CAP 14]提出的反演模型误差传播分析。一般来说，浅水区的最大误差平均不到1m，而中间水域的最大误差平均高于4m。对于狭窄水域，造成该误差的主要因素是较高的沉积物再悬浮，这使得水柱光学性质中空间匀质性的假设不合理。对于中间水域，造成该误差的主要因素是估计反演模型中非线性传播的参数。

掩膜处理的QGIS功能如下。
- SWIR影像重采样精化格网：Processing→Toolbox→GRASS GIS 7 Commands→Raster→r.resamp.interp
- 设定阈值：Raster→Raster Calculator…
- 定义no data值：Raster→Projections→Warp（Reproject）…

1.2.4 主要沉积构造形态演变的特征描述

描述并量化海底地形变化最简单的方法之一是在不同日期进行水深测图，然后计算其差异。这样就可以依据侵蚀或积淀估计沉积量的变化。此方法需要将结果进行适当的格式化，以突显水深的变化。

海床形态研究的QGIS功能如下。
- 沉积量演变的量化：Raster→Raster Calculator…
- 结果格式化：Layer→Properties→Style

1.3 实际应用

本节使用时间跨度将近一年（2015年8月28日和2016年10月21日）的一对哨兵2号多光谱影像，演示了水深测绘和阿卡雄湾（法国）水下沉积构造形态演变特征描述的实际应用。

1.3.1 软件和数据

1.3.1.1 软件要求

本节将用 QGIS 软件（2.18 版本）的基本功能处理栅格和矢量数据。用户无须安装扩展程序。当然，一些步骤可以用更高效的工具处理，特别是使用法国国家空间研究中心（CNES）开发的 Orfeo Tool Box（OTB）影像处理库。

1.3.1.2 输入数据

本实验使用免费开放的数据，可从多个网站下载。数据包括：①哨兵 2 号地面站生成的哨兵 2 号多光谱（1C 级）TOA 反射影像；②在法国国家空间研究中心（CNES）TOSCA 计划资助的 MORITO 项目框架内，外业测量阶段获得的水深测量值。

1. 下载哨兵 2 号多光谱影像

第一步是选择合适的影像对，此阶段应考虑不同环境的要求（表 1.1），比如：①低云量；②高潮汐，能够浸没主要沉积构造；③低垂直衰减，基质的辐射信号要求能够较好地解析；④空间均匀的水柱特性；⑤低表面粗糙度，保证太阳耀斑影响小。这里将阿卡雄盆地相关联的瓦片标识为 T30TXQ。自 2015 年 6 月发射哨兵 2 号以来，只有 5 幅影像具有良好的大气条件。这些影像相关的基本信息见表 1.1，通过分析上述不同环境要求后，选择 2015 年 8 月 28 日和 2016 年 10 月 21 日拍摄的影像。

表 1.1 Sentinel-2/MSI 影像（T30TXQ 瓦片）基本信息

日期	时间	T/m	qK	HOP	SR	质量	是否选择
2015-08-28	11:06:56	2.14	0	0	2	1	是
2016-10-21	11:03:18	2.44	1	0	0	0	是
2016-11-30	11:04:18	0.56	1	1	0	1	否
2017-02-18	11:01:25	2.87	3	1	0	2	否
2017-03-10	10:59:51	NA	3	3	2	3	否

注：该表可用于识别和选择水深测图影像。日期为影像采集的日期；时间为影像采集的时间；T 为潮汐高度；qK、HOP、SR 为影像质量指标，分别表示水柱的光穿透性、水柱的光学空间均匀性、海面粗糙度（取值范围为 0~3，条件好为 0，条件差为 3）；质量为基于 qK、HOP 和 SR 所得的影像质量（取值范围为 0~3，质量好为 0，质量差为 3）；是否选择为根据 T 和质量，最终决定选择的影像

已选择的哨兵 2 号多光谱影像（图 1.4）可从哥白尼开放访问中心下载：https://scihub.copernicus.eu/dhus/#/home，2020.10.25。

1）Sentinel-2/MSI-28/08/2015
文件名：
S2A_OPER_MSI_L1C_TL_EPA20161006T143833_A000949_T30TXQ_N02.04。
2）Sentinel-2/MSI-21/10/2016
文件名：
S2A_OPER_MSI_L1C_TL_SGS20161021T162718_A006955_T30TXQ_N02.04。

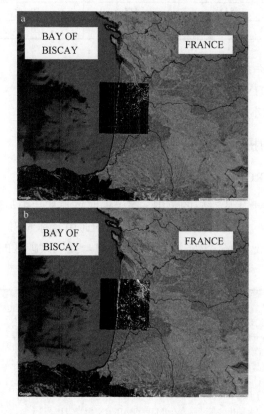

图 1.4 选择的 Sentinel-2/MSI 影像投影到谷歌地图
a. 2015 年 8 月 28 日影像；b. 2016 年 10 月 21 日影像。地图背景为 BD Carthage®-©IGN- MEDD。
该图的彩色版本参见 www.iste.co.uk/baghdadi/qgis4.zip，2020.10.23

系统发布的每幅 1C 级影像由 13 块瓦片组成，对应多光谱传感器的多个光谱波段。本实验只使用波段 3、8 和 11[分别对应 G（绿光）、NIR（近红外）和 SWIR（短波红外）三个通道]，这些波段的仪器特性如表 1.2 所示。为提高后续章节的可读性，将相关影像重命名为：

（1）MSI_2015_B03.jp2，MSI_2015_B08.jp2，MSI_2015_B11.jp2；
（2）MSI_2016_B03.jp2，MSI_2016_B08.jp2，MSI_2016_B11.jp2。

处理这 6 幅影像（分两个日期和三个光谱波段）时，文件名格式定义为 MSI_YEAR_BN.jp2（BN 为波段编号）。

表 1.2　Sentinel-2/MSI 影像 3、8、11 波段（分别对应 G、NIR 和 SWIR 三个通道）的光谱特征、信噪比（SNR）和空间分辨率信息

波段号	标识中心/nm	宽度/nm	空间分辨率/m	信噪比
3	560	35	10	154
8	842	115	10	172
11	1610	90	20	100

2. 下载 2015 年和 2016 年 8 月的外业测深数据

文件名：BATHY_2015.shp 和 BATHY_2016.shp。

矢量数据可从本书的补充资料中获得。

1.3.2　兴趣区的提取和预处理

1.3.2.1　提取 ROI$_{site}$

由于研究区小于瓦片对应的范围，建议提取每张瓦片中与研究地点 ROI 关联的子影像（ROI$_{site}$）。下面将采用多光谱影像的通用名称 MSI_YEAR_BN.jp2，其中 YEAR 为 2015 或 2016，BN 为 03、08 或 11。提取兴趣区的步骤见表 1.3。

表 1.3　提取兴趣区的步骤

步骤	QGIS操作
提取 ROI$_{site}$	在QGIS中： 打开影像 MSI_YEAR_BN.jp2。 在菜单栏中： 选择Raster→Extraction→Clipper。 在Clipper中： （1）输入文件：选择…/MSI_YEAR_BN.jp2。 （2）输出文件：选择…/MSI_YEAR_BN_SITE.TIF。 （3）裁剪模式：选择Extent选项。 （4）单击Edit ⬚：画一个矩形，框住阿卡雄湾和相邻的海岸线。 例如：左上像素（E=624774m, N=4949974m）；右下像素（E=648655m, N=4926274m）。 （5）单击OK。 注：提取所有子影像前不要单击Close。

1.3.2.2　子影像的预处理

ρ_{TOA} 需要根据整数值 IV 转换得到。为转换成反射率，需要将 IV 除以 1000，

然后对耀斑、海浪和船只等造成的噪声进行改正以计算出反射率（图 1.5）。可用 Hedley 等[HED 15]提出的方法改正这些噪声。子影像预处理的步骤见表 1.4。

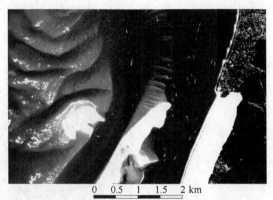

图 1.5　2015 年 8 月 28 日哨兵 2 号多光谱影像中放大的阿卡雄湾
中心点坐标：E=640136m；N=4939527m，图中展示了由耀斑、海浪和船只造成的海洋像素噪声

表 1.4　子影像预处理的步骤

步骤	QGIS操作
1. 将IV转换为反射率值	在QGIS中： 检查以下栅格文件是否存在： MSI_YEAR_BN_SITE.TIF。 在菜单栏中： 选择Raster→Raster Calculator… 适当选择当前图层范围，以避免不需要的重采样造成问题。 在Raster Calculator对话框中： （1）输入栅格计算器表达式： "MSI_YEAR_BN_SITE@1"/1000 （2）输出图层： 选择…/MSI_YEAR_BN_RHO.TIF。
2. 耀斑改正	在QGIS中： 检查以下栅格文件是否存在： （1）MSI_YEAR_B03_RHO.TIF； （2）MSI_YEAR_B08_RHO.TIF。 在菜单栏中： 选择Raster→Extraction→Clipper。
2.1 提取 ROI$_{sunglint}$	在Clipper中： （1）输入文件： 依次选择栅格图层。 （2）输出文件： 选择…/MSI_YEAR_BN_DEEP.TIF。 （3）裁剪模式： 选择Extent。 （4）单击Edit： 拉框选择阿卡雄湾处的光学深水区域。

步骤	QGIS操作
2.1 提取 ROI$_{sunglint}$	例：上图点像素（E=639704m, N=4943394m）；下图点像素（E=640114m, N=4941434m）（下图中的红色区域）。 单击OK。 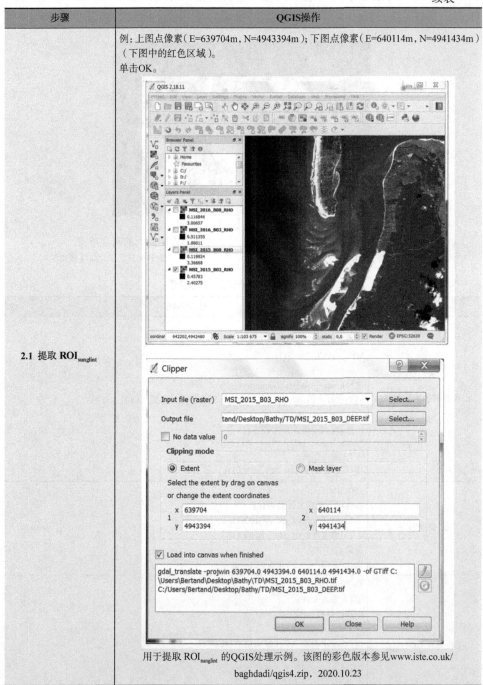 用于提取 ROI$_{sunglint}$ 的QGIS处理示例。该图的彩色版本参见www.iste.co.uk/baghdadi/qgis4.zip，2020.10.23

续表

步骤	QGIS操作
2.2 计算MIN值和b参数	确定2015年和2016年的MIN值。 在Layers Panel中，选择MSI_YEAR_B08_DEEP.TIF图层，查看ρ_{TOA}(NIR)的最小值。 MIN值示例如下：2015年为0.1600，2016年为0.1320（ρ_{TOA}小数点后第五位意义不大，可四舍五入到第四位小数）。 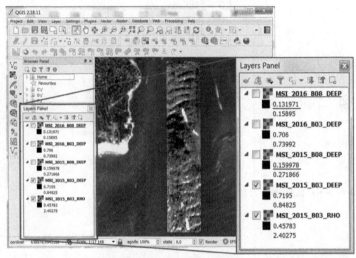 图层面板中显示的信息。红色下划线标记了MSI_2015_B08_DEEP.TIF和MSI_2016_B08_DEEP.TIF图层对应的ρ_{TOA}(NIR)的最小值。该图的彩色版本参见www.iste.co.uk/baghdadi/qgis4.zip，2020.10.23 确认2015年和2016年对应的b值（见QGIS工具箱提供的处理功能示例）。 在菜单栏中： （1）选择Processing→Toolbox； （2）选择模块GRASS GIS 7 commands→Raster→r.regression.line。  QGIS工具箱提供的处理功能示例

13

续表

步骤	QGIS操作
2.2 计算MIN值和b参数	在r.regression.line对话框中： （1）选择参数； （2）Layer for x coefficient：选择…/MSI_YEAR_B08_DEEP.TIF； （3）Layer for y coefficient：选择…/MSI_YEAR_B03_DEEP.TIF； （4）单击Run； （5）读取b的值。 b值示例：2015年为1.1058，2016年为−0.0168① （见下图）。 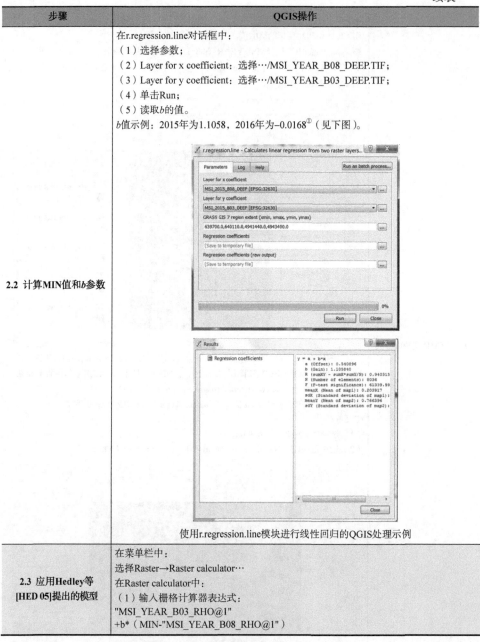 使用r.regression.line模块进行线性回归的QGIS处理示例
2.3 应用Hedley等[HED 05]提出的模型	在菜单栏中： 选择Raster→Raster calculator… 在Raster calculator中： （1）输入栅格计算器表达式： "MSI_YEAR_B03_RHO@1" +b*（MIN-"MSI_YEAR_B08_RHO@1"）

---

① 2016年耀斑影响不显著。当 b 接近于 0 时，表明 ρ_{TOA}(NIR) 与 ρ_{TOA}(G) 之间没有相关性。这可能是因为研究区假定是光学均匀的，环境噪声均匀且强度较低。

续表

步骤	QGIS操作
2.3 应用Hedley等[HED 05]提出的模型	其中：2015年，b=1.1058，MIN=0.1600；2016年，b=−0.0168，MIN=0.1320。 （2）输出图层： 选择···/MSI_YEAR_B03_COR.TIF。 GIS处理示例如下。 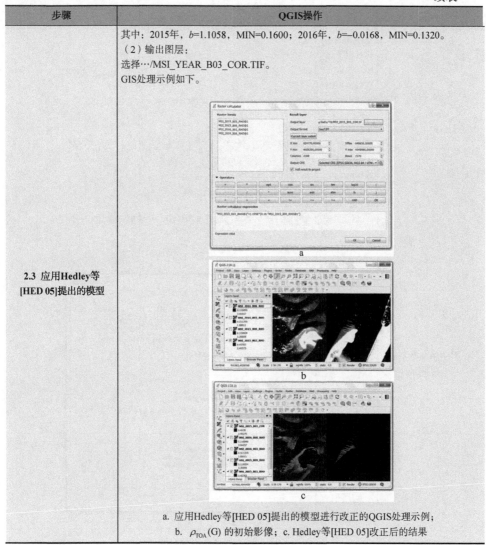 a. 应用Hedley等[HED 05]提出的模型进行改正的QGIS处理示例； b. ρ_{TOA}(G) 的初始影像；c. Hedley等[HED 05]改正后的结果

1.3.3 计算水深

这一步的目标是采用式（1.4）描述的经验模型绘制阿卡雄湾及邻近海岸线的水深图。用于校正模型的外业测深数据已经过预先改正。这些数据以 shapefile 格式文件发布，名称为 Bathy_2015.shp 和 Bathy_2016.shp。第一步是将这些矢量数据转换为栅格格式。计算水深的步骤见表1.5。

表 1.5　计算水深的步骤

步骤	QGIS操作
1. 外业测深数据的转换	在QGIS中： 打开以下shapefile文件： Bathy_YEAR.shp。 在菜单栏中： 选择Raster→Conversion→Rasterize（Vector to raster）… 在Rasterize中： （1）输入文件： 依次选择两个shapefile文件。 （2）属性字段： 选择bathy。 （3）输出文件： 　　a. 选择…/BATHY_YEAR.TIF； 　　b."输出尺寸或分辨率要求"窗口自动弹出，并显示"输出文件不存在…"； 　　c. 单击OK。 （4）单击OK。 处理说明如下。 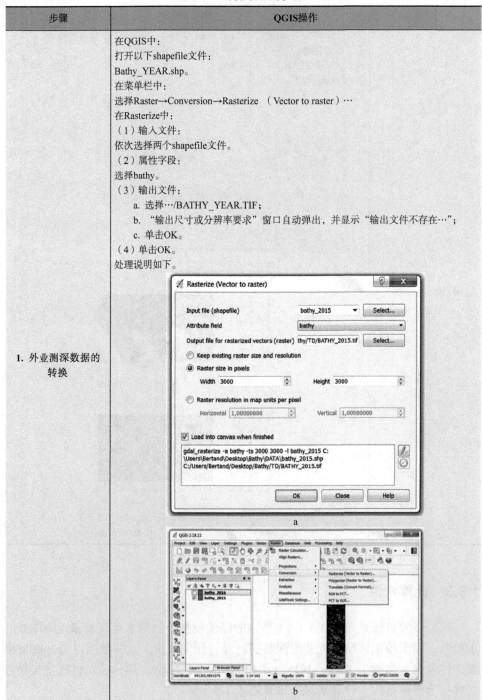 a b

1 利用高空间分辨率多光谱卫星影像监测沿海水深

续表

步骤	QGIS操作
1. 外业测深数据的转换	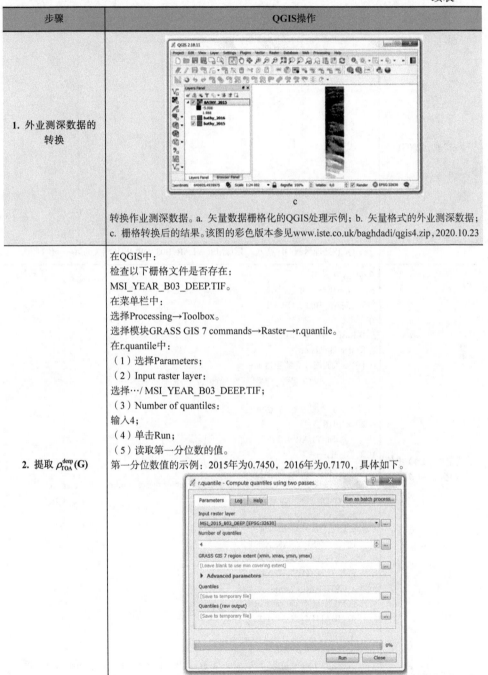c 转换作业测深数据。a. 矢量数据栅格化的QGIS处理示例；b. 矢量格式的外业测深数据；c. 栅格转换后的结果。该图的彩色版本参见www.iste.co.uk/baghdadi/qgis4.zip，2020.10.23
2. 提取 ρ_{TOA}^{deep}(G)	在QGIS中： 检查以下栅格文件是否存在： MSI_YEAR_B03_DEEP.TIF。 在菜单栏中： 选择Processing→Toolbox。 选择模块GRASS GIS 7 commands→Raster→r.quantile。 在r.quantile中： （1）选择Parameters； （2）Input raster layer： 选择…/MSI_YEAR_B03_DEEP.TIF； （3）Number of quantiles： 输入4； （4）单击Run； （5）读取第一分位数的值。 第一分位数值的示例：2015年为0.7450，2016年为0.7170，具体如下。

17

续表

步骤	QGIS操作
2. 提取 $\rho_{TOA}^{deep}(G)$	QGIS处理示例：计算 ρ_{TOA} 影像MSI_YEAR_B03_DEEP.TIF相关的第一分位数值
3. 确定式（1.4）中的参数 α 和 β	在QGIS中： 检查以下栅格文件是否存在： MSI_YEAR_B03_COR.TIF。 在菜单栏中： 选择Raster→Raster calculator… 在Raster calculator中： （1）输入栅格计算器表达式： ln("MSI_2015_B03_COR@1"-0.7450) 或 ln("MSI_2016_B03_COR@1"-0.7170) （2）输出图层： 选择…/MSI_YEAR_X.TIF。 在菜单栏中： （1）选择Processing→Toolbox。 （2）选择模块GRASS GIS 7 commands→Raster→r.regression.line。 （3）在r.regression.line中： 　a. 选择Parameters； 　b. Layer for x coefficient： 选择…/MSI_YEAR_X.TIF； 　c. Layer for y coefficient： 选择…/BATHY_YEAR.TIF； 　d. GRASS GIS 7 region extent， 选择Use layer/canvas extent， 指定BATHY_YEAR.TIF； 　单击Run； 　e. 读取 α 和 β 的值。 示例，2015年：α=3.7209，β=2.2593；2016年：α=5.0817，β=3.2804，具体如下。

步骤	QGIS操作
3. 确定式（1.4）中的参数 α 和 β	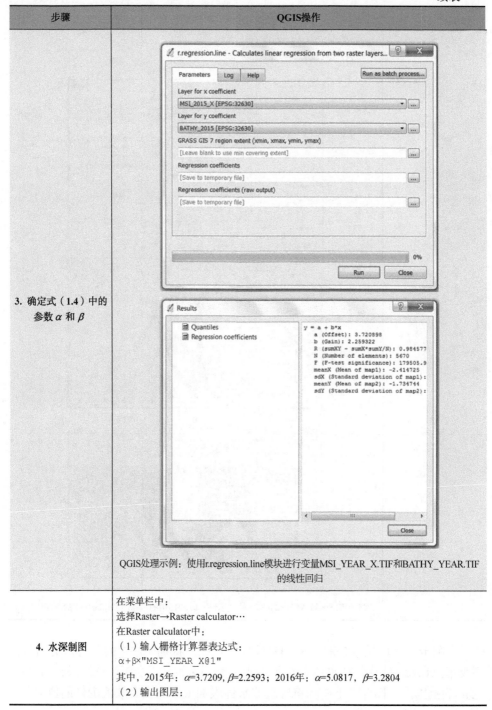 QGIS处理示例：使用r.regression.line模块进行变量MSI_YEAR_X.TIF和BATHY_YEAR.TIF的线性回归
4. 水深制图	在菜单栏中： 选择Raster→Raster calculator… 在Raster calculator中： （1）输入栅格计算器表达式： `α+β×"MSI_YEAR_X@1"` 其中，2015年：α=3.7209，β=2.2593；2016年：α=5.0817，β=3.2804 （2）输出图层：

续表

步骤	QGIS操作
4. 水深制图	选择…/MSI_YEAR_BATHY.TIF。 处理过程说明如下。 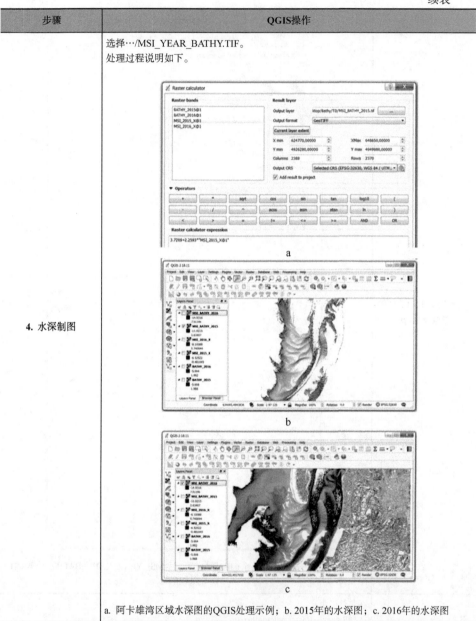 a. 阿卡雄湾区域水深图的QGIS处理示例；b. 2015年的水深图；c. 2016年的水深图

在阿卡雄湾区域水深图的 QGIS 处理过程中，特别要注意的是有两类结果需要改正：①水深计算包括水体表面和陆地/未淹没表面；②水深计算结果在−14.9～7.5m 的范围内。因此，下一步将屏蔽非水体表面或水深在有效范围外的像素。

1.3.4 掩膜的准备和应用

屏蔽错误的水深值像素是一个重要的步骤。这一步的目的是屏蔽水深图中非水体表面以及测深值超出有效范围的像素。"陆面"掩膜使用 SWIR 波段（通道11）中的 ρ_{TOA} 阈值，它可以用来进行陆面和水面分类。需要注意的是，SWIR 波段获得的影像空间分辨率为 20m，因此需要采用插值法将影像重采样到 10m。

"H 无效"掩膜使用水深测量的上、下界值，它们定义了反演水深的有效区间。这些值根据 MSI_YEAR_B03_COR.TIF 和 MSI_YEAR_BATHY.TIF 影像定性分析确定。分析表明海底沉积构造在水越深时越能很好地界定，印证了水柱中光垂直衰减较低的假设（表 1.1）。另外，分析还表明阿卡雄湾（邻近海岸线）的高（低）光学空间均匀性。这些良好的条件保证可以适当扩展 Capo 等[CAP 14]定义的测深产品有效范围。本实验中建议使用如下所示的下限（Z_{inf}）和上限（Z_{sup}）：

（1）浅水区的限值：$H_{inf} = -0.5\text{m} \rightarrow Z_{inf} = T - 0.5\text{m}$；

（2）中等水深区的限值：$H_{sup} = -5\text{m} \rightarrow Z_{sup} = T - 5\text{m}$。

应用掩膜的步骤见表 1.6。

表 1.6 应用掩膜的步骤

步骤	QGIS操作

1. 将SWIR影像重采样到10m	在QGIS中：
	检查是否存在以下栅格文件：
	MSI_YEAR_B11_RHO.TIF。
	在菜单栏中：
	（1）选择Processing→Toolbox。
	（2）选择模块GRASS GIS 7 commands→Raster→r.resamp.interp。
	（3）在r.resamp.interp中：
	  a. 选择Parameters；
	  b. Input raster layer：
	  选择…/MSI_YEAR_B11_RHO.TIF；
	  c. Sampling interpolation method，
	  选择bilinear；
	  d. GRASS GIS 7 region cell size，
	  输入10；
	  e. Resampled interpolated→Save to file，
	  选择…/MSI_YEAR_B11_INT.TIF；
	  f. 单击Run。
	处理说明如下。

续表

步骤	QGIS操作
1. 将SWIR影像重采样到10m	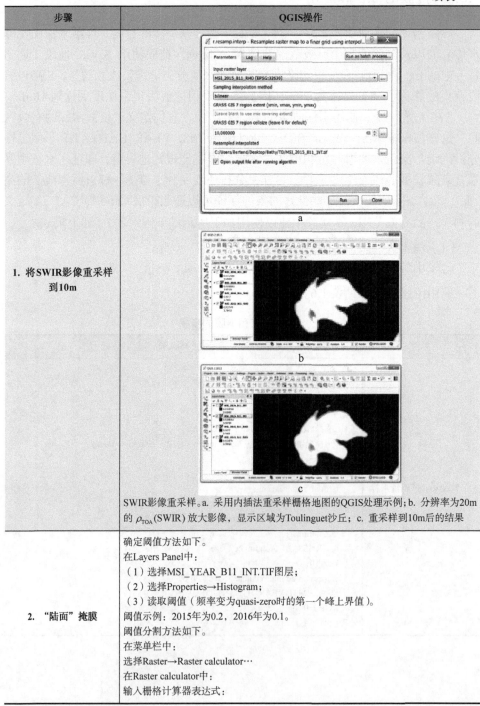 SWIR影像重采样。a. 采用内插法重采样栅格地图的QGIS处理示例；b. 分辨率为20m的ρ_{TOA}(SWIR)放大影像，显示区域为Toulinguet沙丘；c. 重采样到10m后的结果
2. "陆面"掩膜	确定阈值方法如下。 在Layers Panel中： （1）选择MSI_YEAR_B11_INT.TIF图层； （2）选择Properties→Histogram； （3）读取阈值（频率变为quasi-zero时的第一个峰上界值）。 阈值示例：2015年为0.2，2016年为0.1。 阈值分割方法如下。 在菜单栏中： 选择Raster→Raster calculator… 在Raster calculator中： 输入栅格计算器表达式：

续表

步骤	QGIS操作
2. "陆面"掩膜	`"MSI_YEAR_B11_INT@1"<Threshold_Value` 其中，Threshold_Value在2015年=0.2，在2016年=0.1。 输出图层： 选择…/MASK_YEAR_SE.TIF。 No data values（ND）编码方法如下。 在菜单栏中： （1）选择Raster→Projections→Warp （Reproject）… （2）输入文件： 选择…/MASK_YEAR_SE.TIF； （3）输出文件： 选择…/MASK_YEAR_SE_ND.TIF； （4）选择选项No data values，指定其值为0； （5）单击OK。 a b a. 根据频率直方图分析确定阈值的QGIS处理示例；b. 2015年影像 ρ_{TOA} (SWIR) 值的直方图。该直方图有两个峰值，分别为0.06和0.95（位置用绿线标出）。第一峰的阈值可取0.2~0.6的任意值（位置用红线标出），这样不会对掩膜的整体质量造成影响，默认选择下限值（0.2）。该图的彩色版本参见www.iste.co.uk/baghdadi/qgis4.zip，2020.10.23

续表

步骤	QGIS操作
2. "陆面"掩膜	a. 设定阈值的QGIS处理示例；b. "陆面"掩膜，其中水体（陆地）像素取值为1（0） 编码无数据值的QGIS处理示例

续表

步骤	QGIS操作
3. "H无效"掩膜	在QGIS中： 检查以下栅格文件是否存在： MSI_YEAR_BATHY.TIF。 在菜单栏中： （1）选择Raster→Raster calculator… （2）在Raster calculator中： 输入栅格计算器表达式： "MSI_YEAR_BATHY@1"<T-0.5 AND "MSI_YEAR_BATHY@1">T-5 其中，2015年T=2.14m，2016年T=2.44m。 （3）输出图层： 选择…/MASQUE_YEAR_NV.TIF。 处理说明如下。 a b a. 设定阈值的QGIS处理示例；b. "H无效"掩膜，当–2.86<Z<1.64时像素值为1，否则为0 在菜单栏中： （1）选择Raster→Projections→ Warp（Reproject）… （2）输入文件： 选择…/MASK_YEAR_NV.TIF； （3）输出文件： 选择…/MASK_YEAR_NV_ND.TIF； （4）选择选项No data values， 赋值为0； （5）单击OK。

续表

步骤	QGIS操作

4. 掩膜合并和应用	在菜单栏中：
	（1）选择Raster→Raster calculator…
	（2）在Raster calculator中，
	输入栅格计算器表达式：
	`"MSI_BATHY_YEAR@1"*"MASQUE_YEAR_NV_ND@1"`
	`*"MASQUE_YEAR_SE_ND@1"`
	（3）输出图层：
	选择…/MSI_BATHY_YEAR_MASK.TIF。
	处理说明如下。
	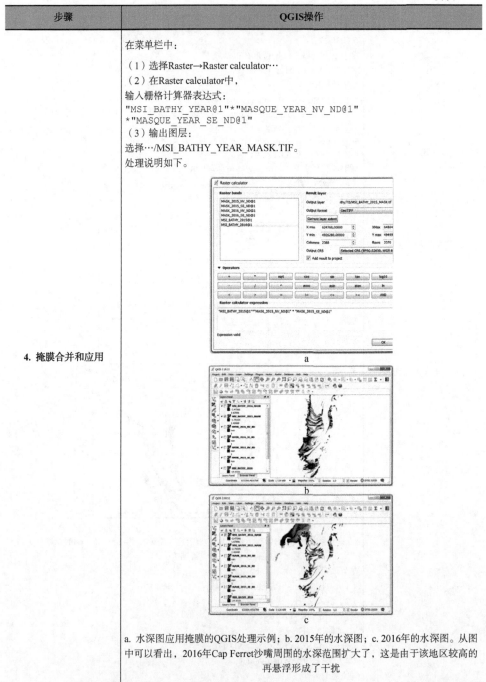
	a. 水深图应用掩膜的QGIS处理示例；b. 2015年的水深图；c. 2016年的水深图。从图中可以看出，2016年Cap Ferret沙嘴周围的水深范围扩大了，这是由于该地区较高的再悬浮形成了干扰

1.3.5 主要海底沉积构造形态演化特征描述

海底沉积构造形态演化的步骤见表1.7。

表 1.7 海底沉积构造形态演化的步骤

步骤	QGIS操作

1. 水深变化估计	在QGIS中：
	检查以下栅格文件是否存在：
	MSI_BATHY_YEAR_MASK.TIF。
	在菜单栏中：
	（1）选择Raster→Raster calculator…
	（2）在Raster calculator对话框中：
	输入栅格计算器表达式：
	`"MSI_BATHY_2016_MASK@1"-`
	`"MSI_BATHY_2015_MASK@1"`
	（3）输出图层：
	选择…/DIFF_BATHY.TIF。
	处理说明如下。
	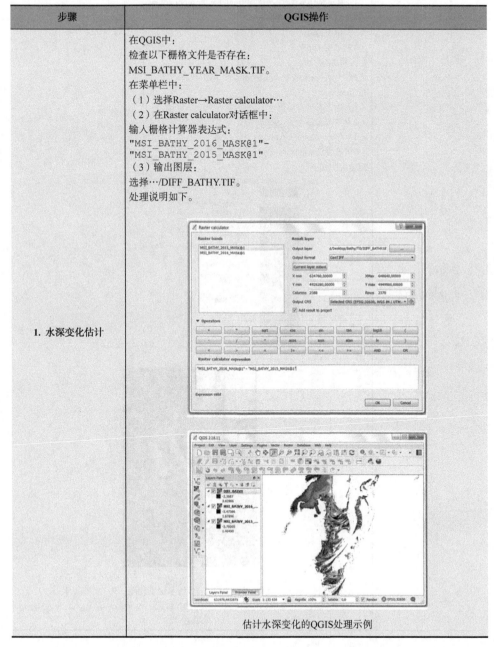
	估计水深变化的QGIS处理示例

续表

步骤	QGIS操作
2. 结果格式化	在菜单栏中： 选择Layer→Properties…→Style。 （1）Render type：选择选项Singleband pseudocolor； （2）Color：选择颜色； （3）单击Edit； （4）单击Apply。 在菜单栏中： 选择Project→New Print Composer，给工程命名。 在Composer中： （1）单击Add new map ； （2）单击Add new legend ； （3）单击Add new scalebar ； （4）选择Composer→Export as Image… 处理说明如下。 a b a. 结果格式化的QGIS处理示例；b. 阿卡雄湾水深变化图，其中外围（水力沙丘）区域用红色（绿色）轮廓线划定。该图的彩色版本参见www.iste.co.uk/baghdadi/qgis4.zip，2020.10.23

阿卡雄湾水深变化的分析结果可与 Capo 等[CAP 14]的结果进行比较。在描述大型海底沉积构造形态一般演化过程时，读者可能注意到以下两点：

（1）通过研究阿卡雄湾及邻近海岸外围堆积/侵蚀区的演替显示出沉积物南北向移动的大规模动向（0～1km）。

（2）位于 Arguin 河岸[①]北部且向北迁移的水力沙丘显示出中等规模动向（0～1km）。

1.4 参考文献

[BRU 15] BRU D., Corrections atmosphériques pour capteurs à très haute résolution spatiale en zone littorale, PhD Thesis, Bordeaux University, France, 2015.

[CAP 14] CAPO S., LUBAC B., MARIEU V. et al.,"Assessment of the decadal morphodynamic evolution of a mixed energy inlet using ocean color remote sensing", Ocean Dynamics, vol. 64, pp. 1517-1530, 2014.

[HED 05] HEDLEY J.D., HARBONE A.R., MUMBY P.J.,"Simple and robust removal of sun glint for mapping shallow-water benthos", International Journal of Remote Sensing, vol. 26, pp. 2107-2112, 2005.

[MAR 94] MARITORENA S., MOREL A., GENTILI B.,"Diffuse reflectance of oceanic shallow waters: influence of water depth and bottom albedo", Limnology and Oceanography, vol. 39, no. 7, pp. 1689-1703, 1994.

---

① Arguin 沙洲（法国）是位于南北向海峡之间的沙洲。

2

地形–水深综合模型在沿海湿地演化研究中的应用：伊奇库尔湿地（突尼斯北部）地形与生物演化实例

Zeineb Kassouk, Zohra Lili-Chabaane, Benoit Deffontaines, Mohammad El Hajj, Nicolas Baghdadi

2.1 沿海湿地动态

沿海湿地是最具生产力的生态系统之一，对人类社会具有重要意义。然而，沿海湿地也具有生态敏感性。由于地理位置、水文状况、优势物种、土壤和沉积特征不同，湿地呈现出极度丰富的多样性。

在湿地区域，水、土壤、植被和人类活动之间有着较强的相互作用。无论是在淹没区还是在突起区，沿海植被物种和群落主要依赖于地形–水深层级。绘制植被群落图是海岸监测的有效手段，可帮助人们确定湿地区域实际状态，从而制定管理战略，如划定沿海湿地生态系统保护区的边界。

遥感和地理信息系统（GIS）在这一领域非常有用，因为卫星遥感可以提供大尺度的、重复的多光谱影像，同时 GIS 可以提供多变量分析功能。事实证明，遥感衍生数据可用于各种沿海湿地研究，如植被制图和监测、变化检测、生物群落制图、海岸线变化和悬浮泥沙动态系统分析。

本章的重点是应用遥感影像联合地形和测深数据绘制伊奇库尔（Ichkeul）地区沿海湿地群落图。沼泽是伊奇库尔公园的一部分，是地中海沿岸重要的湿地。

2.2 伊奇库尔湿地

伊奇库尔湿地位于突尼斯（Tunisia）北部（图 2.1），占地约 12500hm^2，分为三个主要地貌单元：湖泊（8500hm^2）、沼泽（2737~3500hm^2）和德杰贝

2 地形–水深综合模型在沿海湿地演化研究中的应用：伊奇库尔湿地（突尼斯北部）地形与生物演化实例

尔·伊奇库尔（Djebel Ichkeul）群山（1363hm^2）。它是联合国教科文组织（UNESCO）列入的生物圈保护区（1977年）、世界遗产地（1979年）、国家公园和国际湿地（1980年）。尽管伊奇库尔湿地受到保护，但仍因流域地区的人类活动压力（如农业和五大流入河的拦水坝建设）不断发生改变。历史上，该区域湖水水位按一年周期循环波动：冬季水位高，春季湖水通过 Tinja 河道流出，到夏季水位较低，此时大多数流入河都处于干涸状态，且易蒸发，然后海水流入湖中，再流入河道。大量记录表明，通过调控改变自然水位循环会影响湿地群落动态。蒸发和蒸腾作用的增强会导致土壤水分减少、湖泊肥力降低和盐度升高[KAS 08；TAM 94]。

图 2.2 为湿地景观影像，背景包括沼泽、湖泊和 Djebel Ichkeul 群山。

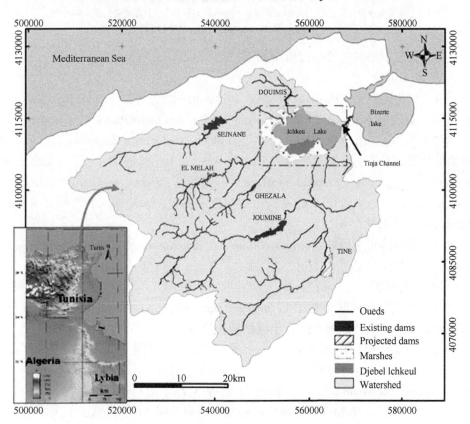

图 2.1 突尼斯北部的伊奇库尔湿地（37°09′52″N，09°40′07″E）
通向 Bizerte 海湖的 Tinja 河道连接了伊奇库尔湖和海。伊奇库尔湿地包括树木繁茂的 Djebel Ichkeul 群山、湖泊、六块湿地沼泽，以及毗邻的高地。该图的彩色版本参见 www.iste.co.uk/baghdadi/qgis4.zip，2020.10.23

图 2.2　伊奇库尔湿地的典型景观
图片包含伊奇库尔湖、Joumine 沼泽和 Djebel Ichkeul 群山。该图的彩色版本参见
www.iste.co.uk/baghdadi/qgis4.zip，2020.10.23

伊奇库尔湿地的主要植被群落如下：

1）水下植被

（1）刺缘毛莲菜（*Picris echioides*）群落：由刺缘毛莲菜（*Picris echioides*）、水飞蓟（*Sliybum marianum*）和毛乳刺菊（*Galactites tomentosa*）组合而成；

（2）阿米芹（*Ammi visnaga*）和毛乳刺菊（*Galactites tomentosa*）群落：该群落的特征是具有毛乳刺菊（*Galactites tomentosa*）、奥尔曼力斯早竹（*Ormenis praecox*）、七叶草（*Ridolfia segetum*）、银蓟（*Cirsium syriacum*）、阿米芹（*Ammi visnaga*）、周花山椒（*Capnophyllum peregimum*）、水飞蓟（*Sliybum marianum*）等物种；

（3）跨越冲积平原的 *Fustuca eliator* ssp. *arundincea* 和 *d'Oenanthe globulosa* 群落。

2）嗜盐群落

（1）海大麦亚种滨海刺芹（*Hordeum maritimum* ssp. *Eumaritimum*，Hm）群落：该群落位于低洼盐碱地带，土壤结构较简单；

（2）嗜湿群落（*Hygrophilous community*，Hy）：该群落特征是具有细鳞灯心草（*Juncus subulatus*）、灯心草（*Juncus maritimus*）、马尾草（*Scirpus maritimus*）、芦苇（*Phragmites communis*）、狭叶百里香（*Thypha angustifolia*）、三棱草（*Scirpus littoralis*）等物种。群落内的植物可适应长期（6 个月以上）洪水和高盐分土壤。浸渍水中生长有 *Frankenia thymifolia* 和 *Hordeum maritimum*。

2.3　综合地形-水深模型的面向对象分类法

以往利用遥感数据绘制湿地植被图的方法，往往集中在物种多样性相对有限的研究区，或只用于尝试区分大面积的植被群落。以前的伊奇库尔植被制图通常依据野外观测和照片判读，或遥感数据的像素分类[GHR 06]。然而，这些方法不能很好地描述伊奇库尔湿地的植被群落。相比之下，面向对象分类法要优于基于像素的分类方法。

本书中将结合基于高空间分辨率影像的面向对象分类和综合地形−水深数字地形模型（以下简称地形−水深 DTM），描述和绘制整个伊奇库尔湿地的植被群落。

本章分为两部分：

第一部分，组合三类数据集：湖泊水深、沼泽和山地数字地形，构建综合地形−水深 DTM；

第二部分，使用新的地形−水深 DTM 和 Terra 卫星高级星载热发射和反射辐射计（ASTER）多光谱影像（表 2.1）对伊奇库尔湿地进行分类。分类采用基于植物学野外观测数据的面向对象方法进行。

本章的方法使用了免费和开源的 GIS 软件 QGIS（版本 2.18.3）和 GRASS GIS 插件（版本 7.2.0）。软件用于地理空间数据管理和分析、影像处理、图形和地图产品制作、空间建模和可视化。可运行在多种操作系统上，如 Linux、Microsoft Windows、Mac OS X 和 Android。

图 2.3 展示了应用本方法所需的处理步骤。为便于阅读，将处理分为 7 个主要阶段：

（1）建立地形−水深 DTM；

（2）以研究区为焦点，对 ASTER 影像进行辐射改正；

（3）计算归一化植被指数（NDVI）；

（4）主成分分析（PCA）；

（5）影像分割（分割后的影像为 NDVI、第一 PCA 成分和 DTM 的叠加）；

（6）在分割后的影像中识别训练样本并计算其光谱和专题属性；

（7）对分割后的影像进行分类。

2.3.1　建立地形−水深 DTM

许多沿海环境生物相关应用需要用到近岸地形和水深方面的知识。然而，现有的地形和水深数据是基于不同目的独立采集的，在格式、投影、分辨率和精度方面存在差异，因此这些数据很难在水陆交界地区同时使用。计算由点和线（等高线）组成的地形−水深 DTM 时使用了三类输入数据，包括：

（1）水深数据来自伊奇库尔公园保护局 2003 年启动的回声测深工程，主要是湖泊和 Tinja 海峡水深数据。水深数据集包含 220000 个测量值，平均测量密度为 2.5 点/m^2；

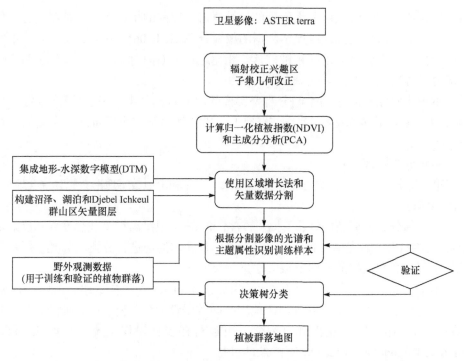

图 2.3　联合遥感数据、野外测量和地形−水深 DTM 的植被群落制图流程

（2）2003 年完成的沼泽区地形测绘（点格式矢量图层），平面网格间距为 2~4m（图 2.4）；

（3）覆盖 Djebel Ichkeul 群山及其周围陆地的数据，由含有伊奇库尔公园（等高线和山顶）的四幅 1∶25000 比例尺地形图（1995 年生产）数字化获得。

综合地形−水深 DTM 的质量取决于精度的空间变化和高程数据的密度。精度可用垂直或水平位置（如断裂线）误差衡量。

第一步将地形数据和水深数据进行合并得到一个数据集格式。地形等高线数据转换为点，线顶点变为具有高程属性的点。为此，可以使用 QGIS 的结点提取功能。

从等高线中提取结点的 QGIS 功能如下。
- Vector→Geometry tools→Extract nodes

合并多个矢量图层的 QGIS 功能如下。
- Vector→Vector general tools→Merge vector layers

2 地形-水深综合模型在沿海湿地演化研究中的应用：伊奇库尔湿地（突尼斯北部）地形与生物演化实例

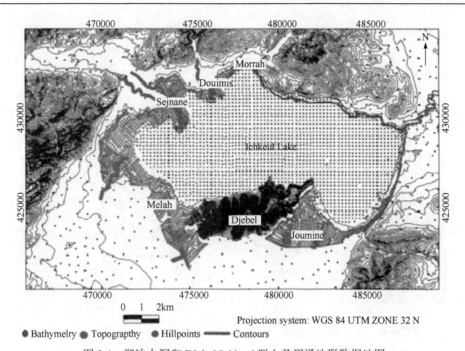

图 2.4 湖泊水深和 Djebel Ichkeul 群山及沼泽地形数据地图

红色的线和点表示 Djebel Ichkeul 群山和公园周围的地形，黄点表示沼泽的地形测量点，蓝点表示湖的水深测量。
该图的彩色版本参见 www.iste.co.uk/baghdadi/qgis4.zip, 2020.10.23

第二步是计算地图密度。密度可以理解为单位面积内点的数量，或者是像素区域内对应点个数的像素值。数据密度仅仅取决于数据的水平位置。密度图描述了 DTM 离散化的程度。很少或没有数据覆盖的区域容易辨识。由于数据空洞的密度为零，可据此检查高度数据的完整性。

QGIS 核心插件"热力图"可根据高程点数据创建热力图。插件使用前需先激活。通过热力图可以很容易确定观测值中心分布情况[VEN 02]。

创建热力图的 QGIS 功能如下。
- 安装 Heatmap 插件：Plugins→Manage and Install Plugins
- 热力图：Raster→Heatmap

研究区的点密度最大值为每 100m² 内 4 个点。点密度最高的地方位于沼泽地和湖的边界。这些地区的点密度高而均匀，便于详细分析沼泽的海拔变化。图 2.5 中，白色区域没有点，最低密度出现在丘陵地带。

水上和水下区域的点高程数据使用 QGIS® 软件的不规则三角网（TIN）算法进行插值获得。结果生成分辨率为 15m×15m 的格网数字高程模型（图 2.6）。本例中，DTM 和使用的卫星数据具有相同的地面分辨率。

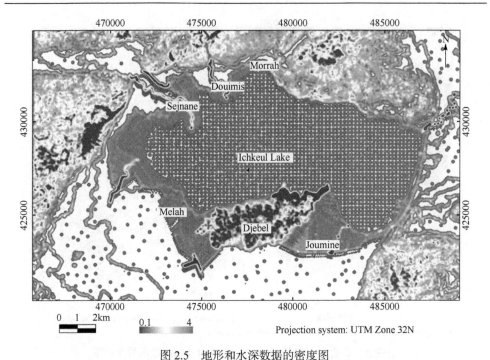

图 2.5　地形和水深数据的密度图

以 100m×100m 的单元尺寸计算。图中可看到高密度的区域。没有数据的单元格用白色表示。
该图的彩色版本参见 www.iste.co.uk/baghdadi/qgis4.zip，2020.10.23

通过插值创建 DTM 的 QGIS 功能如下。
- Raster→Interpolation

综合地形-水深 DTM（图 2.6）显示了伊奇库尔生态系统的整体形态，包括三个主要地理单元：湖泊、沼泽和 Djebel Ichkeul 群山。生成的 DTM 可用于对沼泽植被进行分类。本章只研究沼泽单元。

2.3.2　影像处理

2.3.2.1　导入 ASTER 影像数据

考虑植被覆盖的生长期（5～7月）和数据获取限制，选择了 2007 年 6 月 8 日的 ASTER 影像。表 2.1 描述了所有用到的空间数据。
ASTER 数据包括 3 个可见光和近红外（VNIR）波段（空间分辨率为 15m）、6 个短波红外（SWIR）波段（空间分辨率为 30m）和 5 个热红外（TIR）波段（空间分辨率为 90m）。使用的影像为具有传感器辐射信息的 ASTER L1B 级产品，L1B 产品数据包含辐射校正和几何配准数据。ASTER 产品可通过 FTP 和 HTTPS

下载（https://search.earthdata.nasa.gov，2020.10.23）。

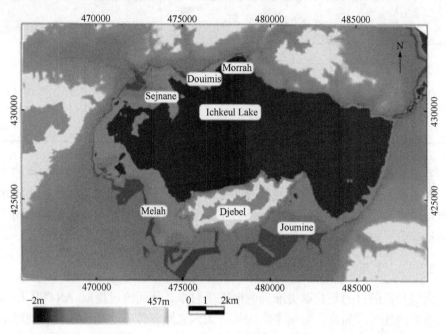

图 2.6　伊奇库尔湿地新的综合地形–水深 DTM（格网格式，像素 15m×15m）显示的山体阴影
海拔相对突尼斯高程系统（NGT），单位为 m。坐标系统为 UTM 32N。该图的彩色版本参见
www.iste.co.uk/baghdadi/qgis4.zip，2020.10.23

ASTER L1B 级产品包括两个单独的文件：hdf 文件和 met 文件。hdf 文件包含大量的元数据和光谱数据，而 met 文件只包含元数据。

表 2.1　用于伊奇库尔植被分类的 ASTER 遥感数据特征

影像	波段	分辨率		辐射
		光谱/μm	空间/m	
VNIR	1	0.52～0.60	15	8 位
	2	0.63～0.69		
	3N	0.78～0.86		
	3B	0.78～0.86		
SWIR	4	1.60～1.70	30	8 位
	5	2.145～2.185		
	6	2.185～2.225		
	7	2.235～2.285		
	8	2.295～2.365		
	9	2.360～2.430		

续表

影像	波段	分辨率		
		光谱/μm	空间/m	辐射
TIR	10	8.125~8.475	90	12位
	11	8.475~8.825		
	12	8.925~9.275		
	13	10.25~10.95		
	14	10.95~11.65		

本研究仅使用 VNIR 的 1、2 和 3N 波段，以及 SWIR（中红外）的 4 和 5 波段。植被覆盖在红光和近红外域具有明显的特征。湿生植被光谱特征在突出水体的波段（蓝光反射率极高，近红外反射率极低）中非常明显。人们经常选用光谱中的这部分可见区域，而不是整个可见区域。

2.3.2.2 大气校正

大气校正的目的是获取更准确的地表反射率，从而改进提取 ASTER 影像中地表参数的能力。为此，必须考虑大气、太阳光照、传感器视角几何和地形信息的影响。L1B 中的数字量化值（DN）表示传感器辐射亮度，而不是地表反射率。因此，为了将传感器辐射亮度（8bit）转换为地表反射率（%），需要进行大气校正。首先，将 DN 转化为大气表观（TOA）反射率，然后，进行大气校正得到 ASTER 地表反射率。

将 ASTER 波段（1~10）的 DN 转换为 TOA 反射率采用 Python 脚本完成。大气校正采用 6S（太阳光谱中卫星信号二次模拟，Second Simulation of Satellite Signal in the Solar Spectrum）大气校正算法。

本章的数据集中提供了感兴趣波段（波段 1、2、3N、4、5）的 6S 模型参数（表 2.2）。

表 2.2 6S 模型参数，与传感器和 ASTER 影像的采集日期有关

6S模型参数	值
几何条件（取决于传感器，ASTER 为 10）	10
月	6
日	8
时（hh.ddd）	13.00
经度["hh.ddd"，采用十进制表示的格林尼治标准时间（GMT）时]	−47.410
纬度（"hh.ddd"，采用十进制表示的 GMT 时）	−20.234

2 地形−水深综合模型在沿海湿地演化研究中的应用：伊奇库尔湿地（突尼斯北部）地形与生物演化实例

续表

6S 模型参数	值
大气模式	1
气溶胶模型：陆地（continental）	1
可见度/km（气溶胶浓度）	15
目标平均海拔/km	−0.600
传感器高度（星上传感器）/km	−1000
各波段对应系数（波段 1 为 72）	72

> 计算 TOA 反射率的 QGIS 功能如下。
> - 转换为 TOA 反射率：Processing→Toolbox→Scripts→Add a script
>
> 将 DN 值转换为地表反射率的 GRASS 功能如下。
> - Processing→Toolbox→GRASS GIS 7 Commands→Imagery→i.atcorr

2.3.2.3 重投影及图层叠加

研究中使用前五个波段（VNIR 影像的 1、2、3N 和 SWIR 的 4、5 波段）。大气校正后，五个波段重投影到坐标系统 UTM 32N 中，最后将其叠加并保存到多波段影像中。

下一步是根据表 2.3 确定的研究区范围裁剪叠加后的影像。

表 2.3 研究区的地理坐标（UTM 32N）

参数	X	Y
西北点	547910	4118570
东南点	568790	4102520

> 波段重投影的 QGIS 功能如下。
> - Raster→Projections→Warp（Reproject）
>
> 叠加波段的 QGIS 功能如下。
> - Raster→Miscellaneous→Build Virtual Raster
>
> 裁剪栅格的 QGIS 功能如下。
> - Raster→Extraction→Clipper

2.3.2.4 计算 NDVI

NDVI（归一化植被指数）已广泛应用于植被探测[ROU 74]。极低的 NDVI 值

（0.1及以下）对应岩石、沙子或雪等贫瘠地区；中等值（0.2～0.3）代表灌木和草地；高值（接近1）代表温带地区和热带雨林。裸土地对应的NDVI值最接近0，水体或浸没植被对应负的NDVI值。本章使用该比率进行植被制图。

> 计算NDVI的QGIS功能如下。
> - Raster→Raster calculator

2.3.2.5 主成分分析

PCA是一种转换n维向量（如影像波段）的统计方法，目的是压缩光谱数据，只保留具有最重要信息的成分。

对前5幅ASTER影像（1、2、3N、4和5波段）进行PCA处理，可以发现前3个主成分（PCA1、PCA2和PCA3）包含了来自原始数据集的最大信息量（99.5%）（图2.7）。

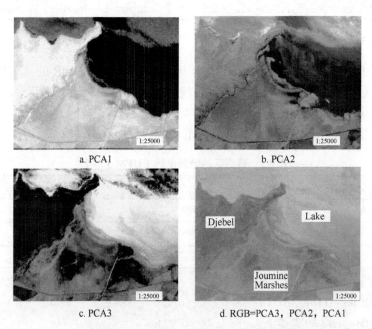

图2.7 Joumine沼泽（图2.2）主成分分析结果
该图的彩色版本参见www.iste.co.uk/baghdadi/qgis4.zip，2020.10.23

第一主成分影像PCA1占总场景变化百分比最大（76.9%）（图2.7a）。该成分增强了地形信息，特别是在Djebel Ichkeul群山和湖泊地区；第二主成分影像PCA2（图2.7b）增强了植被区域与水体间的差异；第三主成分PCA3（图2.7c）增强了茂密植被区（影像中黑色和暗色区域），从中可以看到Djebel

2 地形–水深综合模型在沿海湿地演化研究中的应用：伊奇库尔湿地（突尼斯北部）地形与生物演化实例

Ichkeul 群山上的树木和湖上的 *Phragmites communis* 植被主要在暗色区域出现。

由前三个主成分（R=3，G=2，B=1）合成的颜色对应土地覆盖类别（图 2.7d）。绿色代表水（湖）和植被，而红色代表干燥的土壤或岩石。

对多波段栅格进行 PCA 的 QGIS 功能如下。
- 安装 PCA 插件：Plugins→Manage and Install Plugins
- PCA 计算：菜单栏 Plugins→PCA

2.3.3 分割

影像分割是遥感影像中用于探测同质对象的过程。影像分割算法寻找影像中相似像素的类簇，并根据预先确定的标准将它们一起分组，形成唯一的、内聚的对象[也称为分割区（segments）]。分割区代表所含像素的平均值（如光谱均值）。分割区的形状、大小和光谱方差信息可用于分类。现有多个免费的和收费的工具可实现不同的分割算法。本章使用一种区域增长和合并算法（GRASS GIS i.segment），将所有像素都视为初始分割区，然后利用欧几里得距离计算任意给定分割区与其相邻分割区的相似性，如果相似性小于用户给出的阈值，则合并两个分割区。该过程迭代运行，最后将小于最小尺寸的分割区与最相似的相邻分割区合并。

对三幅影像进行分割：PCA1 影像、NDVI 影像和地形–水深 DTM。

使用的参数如下：

（1）阈值为 0.01；

（2）分割区中的最小单元数为 200；

（3）最大迭代次数为 20。

这里使用掩膜（一个表示 Djebel Ichkeul 群山、沼泽和湖泊的矢量图层）将分割区限制在研究区。掩膜一方面可以独立分割湖泊、沼泽和 Djebel Ichkeul 群山的像素，另一方面也可以分割研究区的其他像素。为构建掩膜，可以对表示 Djebel Ichkeul 群山、沼泽和湖泊的矢量图层进行栅格化。

构建掩膜的 QGIS 功能如下。
- Processing→Toolbox→GDAL/OGR→Conversion→Rasterize

实现分割的 GRASS 功能如下。
- Processing→Toolbox→GRASS GIS 7 commands→Imagery→i.segment

就一个或多个特征而言，分割区是相对同质的（图 2.8）。

图 2.8　对 ASTER 影像进行分割处理的结果

分割后的影像与区域边界叠置。该图的彩色版本参见 www.iste.co.uk/baghdadi/qgis4.zip，2020.10.23

下一步计算各分割区的专题属性（PCA1、NDVI 和地形-水深 DTM 值的平均值）。计算得到的属性将用于确定分类规则。

> 计算各分割区属性的 QGIS 功能如下。
> - 安装插件 zonal statistics：Plugins→Manage and Install Plugins
> - 计算属性：Raster→Zonal statistics

2.3.4　分类

2.3.4.1　训练集标识

分类的第一步是指定分割区的类名（图 2.9）。使用 GPS 测量采集了代表研究区植物群落特征的样本（约 10 种不同类型的植物）。为选择可构建分类规则的分割区，将 GPS 测量矢量图层叠加在分割区上面（QGIS 功能"按位置连接属性"）。叠加后，每个训练分割区除了三个均值（PCA、NDVI 和 DTM）外，还有类名（植物群落、水体等）。

> 按位置合并两个图层的 QGIS 功能如下。
> - Processing→Toolbox→QGIS geoalgorithms→Vector general tools→Join attributes by location

图 2.9　指定分割区的类名
黑点表示研究中使用到的外业调查区域（参考对象）的位置；多边形为各分割区。
该图的彩色版本参见 www.iste.co.uk/baghdadi/qgis4.zip，2020.10.23

2.3.4.2　决策树分类

决策树分类是一种监督分类方法，目的是利用规则对影像进行分类[KIM 16；GIL 08]。本章利用训练分割区的属性（PCA1、地形-水深 DTM 和 NDVI 值）自动创建分辨植被群落的分类规则。分类树中的第一条规则是用 NDVI 属性分离非植被对象和植被对象。植被群落分割区则根据三类属性进行分类（在本章补充资料中可以找到包含分类规则的文本文件）。

实现分类的 GRASS 功能如下。
- Processing→Toolbox→GRASS GIS 7 commands→Vector→v.reclass

2.3.5　方法的局限性

从获得的结果来看，该方法具有一定的局限性，主要包括以下几点：
（1）DTM 质量取决于构建模型的地形数据质量：空间分布、测高精度和高程数据采集协议；
（2）植被制图与影像数据获取密切相关；
（3）分类参数由用户确定；
（4）分类决策树与训练和验证集相关。

2.3.6　与植被群落相关的地形-水深断面实例

如图 2.10 所示，以伊奇库尔湿地为例，面向对象分类法可以用于植被制图的沼泽、湖泊、山体分类，并根据地理位置对群落进行良好的层次分类。分类结果得到的 6 个主要群落分别是 *Hordeum* 群落、*Visnaga* 群落、*Bolboschoenus* 群落、*Tamarix* 群落、*Sarconia Frictosa* 群落和 *Galactitess* 群落。

植被群落制图结合地形-水深高度剖面图（图 2.11），使我们能够根据海拔识别植被分布。例如，沼泽地区主要是 *Spartina patens*、*Juncus subulateus*、*Bolboschoenus maritimus* 和 *Bolboschoenus litoralis*，每年都会淹水，不耐盐，是灰色雁鹅的主要觅食区。更重要的是，这些正在被更多的盐生植物 *Visnaga daucoide* 和 *Scolymus maculatus* 替代。Joumine 和 Melah 沼泽的植被覆盖从新兴的植物群落，如 *Schoenoplectus lacustris*、*Typha angustifolia* 和 *phragmites* 群落，到盐生植物带，如 *Salicornia arabica*、*Suaeda maritima* 和 *Arthrecnemum fruticosum*，再到有灌木 *Tamarix africana* 的草地牧场。在干旱地区和排水良好的山脊上，生长着 *Hordeum maritimum*，以及 *Lolium multiflorum*、*Daucus carota*，或者 *Nerium oleander* 和 *Ziziphus lotus*。

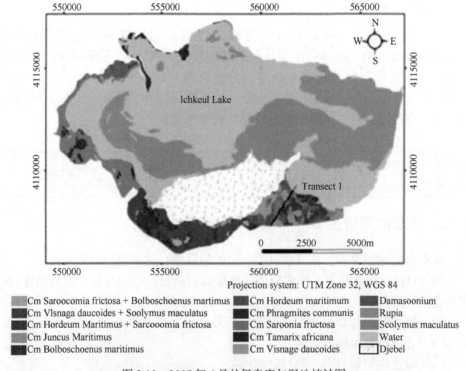

图 2.10　2007 年 6 月的伊奇库尔湿地植被图
三个单元同时使用相同的数据和技术制图。沼泽区的植被大部分被识别出。
该图的彩色版本参见 www.iste.co.uk/baghdadi/qgis4.zip，2020.10.23

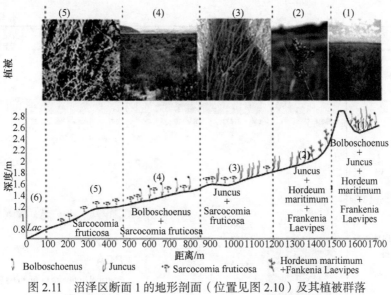

图 2.11 沼泽区断面 1 的地形剖面（位置见图 2.10）及其植被群落

该图的彩色版本参见 www.iste.co.uk/baghdadi/qgis4.zip，2020.10.23

2.3.7 结论

研究结果表明：ASTER 数据与综合地形-水深 DTM 相结合，可用于绘制伊奇库尔湿地的优势植被群落。目前已经识别了十个群落，并绘制在沼泽地图中；然而，在 Djebel Ichkeul 群山和湖泊中，本章只确定了大类（水、Rupia 和森林）。

2.4 QGIS 实现

2.4.1 软件和数据

2.4.1.1 软件要求

本节将基于 2007 年 6 月 8 日获取的 ASTER 影像利用 QGIS 和 GRASS 识别植被群落（表 2.4）。

表 2.4 QGIS 插件的安装过程

步骤	QGIS 操作
1. 在 QGIS 中安装插件	在 QGIS 中： 在菜单栏中， 单击 Plugins→Manage and Install Plugins…

续表

步骤	QGIS 操作
1. 在 QGIS 中安装插件	a. 单击所需的扩展并安装； b. 本章所需的扩展为 PCA 和 Zonal Statistics。 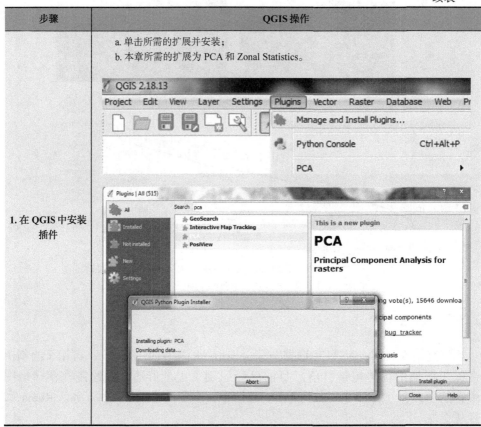

2.4.1.2 使用的数据

使用的数据有两类：2007 年 6 月 8 日获取的 ASTER 卫星影像，以及矢量格式的专题地理数据（表 2.5）。

表 2.5 数据集列表

数据	文件名
2007 年 6 月 8 日获取的 ASTER 影像*	AST_L1B_00306082007101811_20070709230934_11700.hdf
	AST_L1B_00306082007101811_20070709230934_11700.met
湖泊的测深数据（2003 年）	Bathymetry.shp
Djebel Ichkeul 群山及其附近地区的地形数据	Contours.shp Points.shp
沼泽地形数据（2003 年）	MarshesTopography.shp

续表

数据	文件名
训练集（2008 年 3 月 29 日）	Training_sites.shp
验证集（2008 年 5 月 29 日）	Validation_sites.shp

* ASTER 数据可在 earthexplorer.usg.gov 网站上免费下载。本章下载了 AST_L1A_00306082007101811_20070709230934_11700.hdf

2.4.2 计算地形–水深 DTM

计算新的地形–水深 DTM 包括以下步骤（表 2.6）：
（1）数据转化为同一几何类型（point）；
（2）合并 shape 文件（Points）；
（3）计算高程点密度；
（4）内插合并后的点并创建 DTM。

表 2.6 构建地形–水深 DTM 的步骤

步骤	QGIS 操作
1. 将等高线（polyline）转换为点	在 QGIS 中： 打开矢量图层 Contours.shp。 在菜单栏中： （1）单击 vector→GeometryTools→Extract nodes； （2）保存文件并命名为 ContoursPts.shp。
2. 合并数据	在 QGIS 工具栏中： 打开文件： （1）ContoursPts.shp； （2）Points.shp； （3）Bathymetry.shp； （4）MarshesTopography.shp。 在菜单栏中： （1）单击 Processing→Toolbox→QGIS geoalgorithms→Merge Vector layers； （2）单击 Run as batch process 并选择所有图层； （3）数据另存为 PointsTopobathyDTM.shp。

续表

步骤	QGIS 操作
2. 合并数据	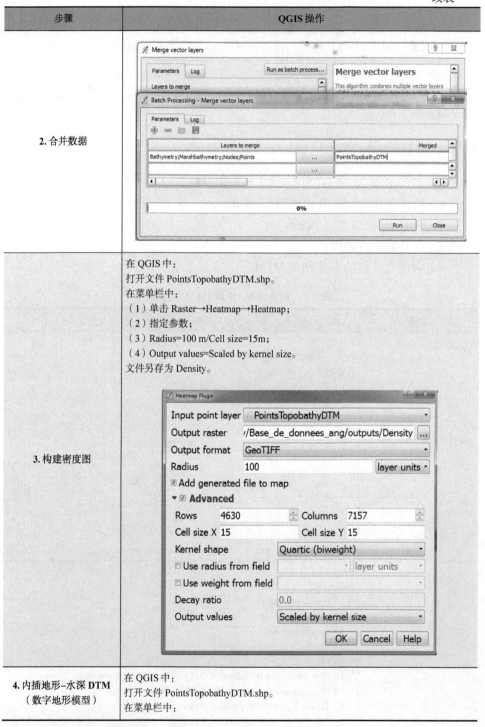
3. 构建密度图	在 QGIS 中： 打开文件 PointsTopobathyDTM.shp。 在菜单栏中： （1）单击 Raster→Heatmap→Heatmap； （2）指定参数； （3）Radius=100 m/Cell size=15m； （4）Output values=Scaled by kernel size。 文件另存为 Density。
4. 内插地形-水深 DTM （数字地形模型）	在 QGIS 中： 打开文件 PointsTopobathyDTM.shp。 在菜单栏中：

2 地形-水深综合模型在沿海湿地演化研究中的应用：伊奇库尔湿地（突尼斯北部）地形与生物演化实例

续表

步骤	QGIS 操作
4. 内插地形-水深 DTM（数字地形模型）	（1）单击 Raster→Interpolation→Interpolation。 （2）指定参数： 　　a. Cell size X and Cell size Y=15m； 　　b. Interpolation method=TIN。 （3）文件另存为 IchkeulDTMRaster.tif。
5. DTM 栅格图层重投影	地形-水深 DTM（数字地形模型）重投影到 UTM 32N： （1）在菜单栏中，单击 Raster→Projections→Warp（Reproject）； （2）弹出窗口。在 Input file 处选择栅格图层 IchkeulDTMRaster.tif； （3）在 Output file 处输入 IchkeulDTMRaster_utm32N.tif； （4）Target SRS 选择 WGS84/UTM zone 32N（EPSG：32632）； （5）单击 OK。

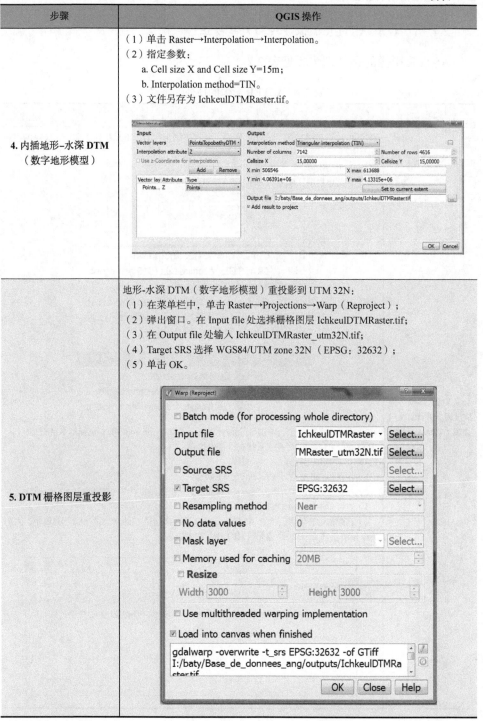

49

2.4.3 影像预处理

2.4.3.1 提取 ASTER 影像波段和大气校正

ASTER 影像的预处理步骤见表 2.7。

表 2.7 ASTER 影像的预处理步骤

步骤	QGIS 操作
1. 从 HDF 影像中提取波段，并计算大气表观（TOA）反射率	编写 Python 脚本计算 ASTER 影像（处理级别为 L1B、hdf 格式）前十个波段的表观反射率。 在 QGIS 中添加脚本： （1）在菜单栏中，单击 Processing→Toolbox； 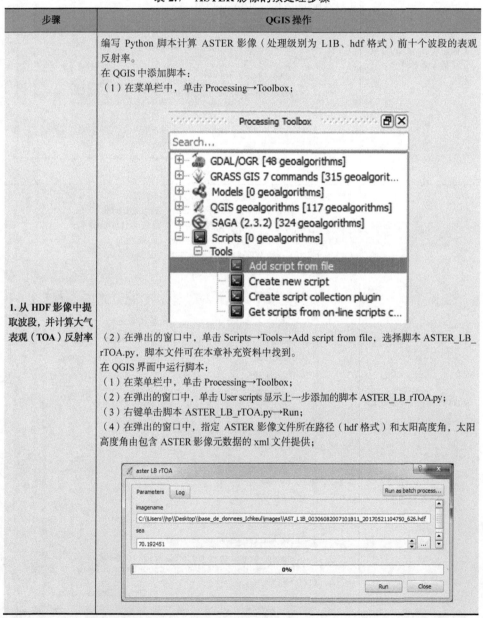 （2）在弹出的窗口中，单击 Scripts→Tools→Add script from file，选择脚本 ASTER_LB_rTOA.py，脚本文件可在本章补充资料中找到。 在 QGIS 界面中运行脚本： （1）在菜单栏中，单击 Processing→Toolbox； （2）在弹出的窗口中，单击 User scripts 显示上一步添加的脚本 ASTER_LB_rTOA.py； （3）右键单击脚本 ASTER_LB_rTOA.py→Run； （4）在弹出的窗口中，指定 ASTER 影像文件所在路径（hdf 格式）和太阳高度角，太阳高度角由包含 ASTER 影像元数据的 xml 文件提供；

2 地形-水深综合模型在沿海湿地演化研究中的应用：伊奇库尔湿地（突尼斯北部）地形与生物演化实例

续表

步骤	QGIS 操作

1. 从 HDF 影像中提取波段，并计算大气表观（TOA）反射率	`<MDI key="SIZEMBDATAGRANULE">119.233</MDI>`
	`<MDI key="SOLARDIRECTION">133.261862, 70.192451</MDI>`
	`<MDI key="SOURCEDATAPRODUCT">ASTL1A 0706081018110706120368,`
	`<MDI key="SOUTHBOUNDINGCOORDINATE">36.936769103738</MDI>`
	`<MDI key="SPATIALRESOLUTION">15, 30, 90</MDI>`
	（5）单击 Run，ASTER 波段自动保存在 rtoa 文件夹中，此文件夹由脚本创建，和 hdf 格式的 ASTER 影像位于同一路径。

2. 对上一步获取的波段进行重投影	重投影（表观反射率）： （1）在菜单栏中，单击 Raster→Projections→Warp（Reproject）； （2）弹出窗口，Input file 处选择 bande_1.tif； （3）在 Output file 处，输入 band_1_utm32n.tif； （4）激活选项 Target SRS，选择投影 WGS84/UTM zone 32N（EPSG：32632）； （5）单击 OK； （6）对以下波段重复以上步骤：2（band_2_utm32n.tif）、3N（band_3n_utm32n.tif）、4（band_4_utm32n.tif）、5（band_5_utm32n.tif）。
3. 用 6S 算法进行大气校正	大气校正： （1）在菜单栏中，选择 Processing→Toolbox→commands GRASS GIS 7→Imagery→i.atcorr； （2）在 Name of input raster map 中，输入第一个波段（band_1_utm32n.tif）； （3）在 Input imagery range 处，Min 设为 0，Max 设为 1； （4）在 Name of input text file 处，指定包含波段 1 对应的 6S 参数文件（band1.txt），该文件可在本章补充资料中找到； （5）在 Rescale output raster map 处，Min 设为 0，Max 设为 1； （6）在 Atmospheric correction 中指定输出文件名为 bande_1_utm_32n_sr.tif； （7）单击 OK；

续表

步骤	QGIS 操作
3. 用 6S 算法进行大气校正	（8）对波段 2、3N、4 和 5 重复以上步骤，每个波段的 6S 模型参数文本文件均可在本章补充资料中找到。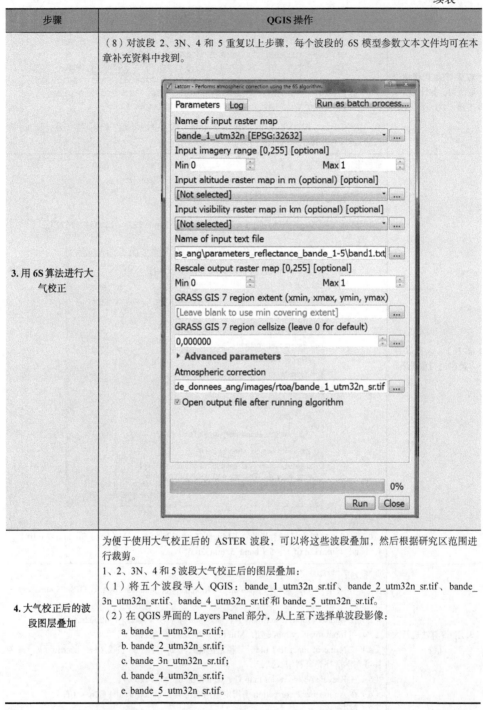

4. 大气校正后的波段图层叠加	为便于使用大气校正后的 ASTER 波段，可以将这些波段叠加，然后根据研究区范围进行裁剪。
	1、2、3N、4 和 5 波段大气校正后的图层叠加：
	（1）将五个波段导入 QGIS：bande_1_utm32n_sr.tif、bande_2_utm32n_sr.tif、bande_3n_utm32n_sr.tif、bande_4_utm32n_sr.tif 和 bande_5_utm32n_sr.tif。
	（2）在 QGIS 界面的 Layers Panel 部分，从上至下选择单波段影像：
	    a. bande_1_utm32n_sr.tif；
	    b. bande_2_utm32n_sr.tif；
	    c. bande_3n_utm32n_sr.tif；
	    d. bande_4_utm32n_sr.tif；
	    e. bande_5_utm32n_sr.tif。

2 地形-水深综合模型在沿海湿地演化研究中的应用：伊奇库尔湿地（突尼斯北部）地形与生物演化实例

续表

步骤	QGIS操作
4. 大气校正后的波段图层叠加	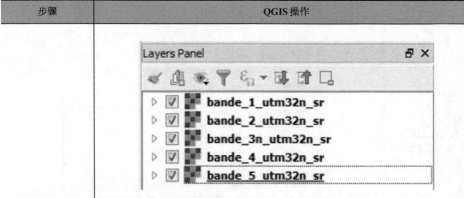 （3）在菜单栏中选择 Raster→Miscellaneous→Build Virtual Raster。 （4）在弹出窗口中，勾选选项 Use visible raster layers for inputs 和 Separate，输出文件命名为 stack.vrt。 （5）单击 OK。 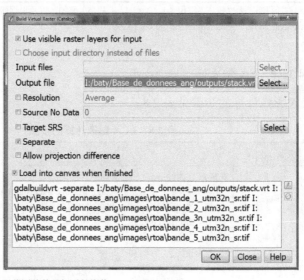 根据研究区范围裁剪叠加后的影像 stack.vrt： （1）输入 stack.vrt 栅格图层； （2）在菜单栏中，单击 Raster→Extraction→Clipper； （3）在弹出窗口中，指定坐标范围： | | X（E） | Y（N） | |---|---|---| | 西北角点 | 547910 | 4118570 | | 东南角点 | 568790 | 4102520 | （4）输出文件命名为 stack_Ichkeul.tif； （5）单击 OK。

53

续表

步骤	QGIS 操作
4.大气校正后的波段图层叠加	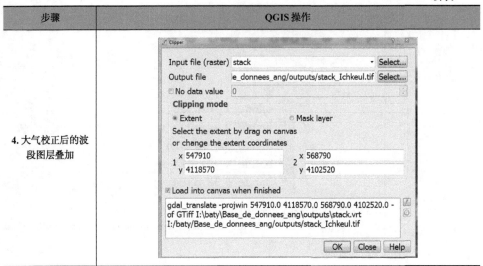

注：提取、投影、大气校正、波段（1、2、3N、4 和 5）叠加，以及根据研究区裁剪影像。该表的彩色图参见 http://www.iste.co.uk/baghdadi/qgis4.zip，2020.10.23

2.4.3.2　主成分分析

PCA 影像计算的步骤见表 2.8。

表 2.8　PCA 影像计算的步骤

步骤	QGIS 操作
1.主成分分析（PCA）计算	安装 PCA 插件： （1）在菜单栏中，单击 Plugins→Manage and Install Plugins； （2）在弹出窗口中，输入 PCA 并安装扩展； （3）单击 Install plugin； 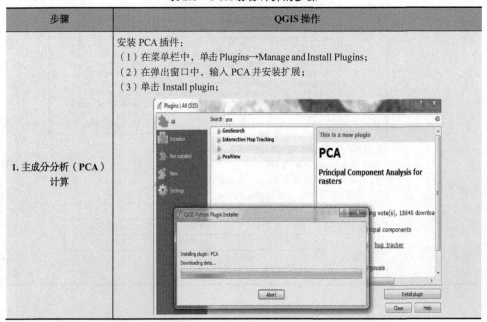

续表

步骤	QGIS操作
1. 主成分分析（PCA）计算	（4）单击 Close。 计算 PCA 影像： （1）从 QGIS 界面打开 PCA 界面 ； （2）在弹出窗口中，Input Raster File 处选定影像 stack_Ichkeul.tif； （3）在 Number of output Principal Components 中，选择 1 以单独获取第一主成分； （4）在 Output Raster File 处输入 PCA_1c_Ichkeul.tif； （5）单击 OK。 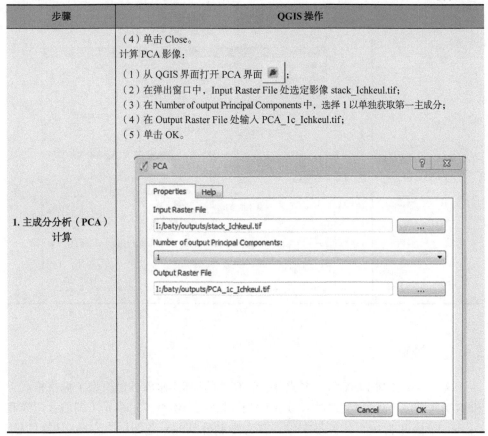

2.4.3.3 计算归一化植被指数（NDVI）

计算归一化植被指数（NDVI）的步骤见表 2.9。

表 2.9 计算归一化植被指数（NDVI）的步骤

步骤	QGIS操作
1. 计算归一化植被指数（NDVI）	计算 NDVI： （1）在 QGIS 中输入栅格文件 stack_Ichkeul.tif； （2）在菜单栏中，单击 Raster→Raster calculator； （3）在 Raster calculation expression 中输入： ("stack_Ichkeul@3"-"stack_Ichkeul@2")/ ("stack_Ichkeul@3"+"stack_Ichkeul@2") （4）在 Output layer 处输入文件名 ndvi_Ichkeul.tif； （5）单击 OK。

续表

步骤	QGIS操作
1.计算归一化植被指数（NDVI）	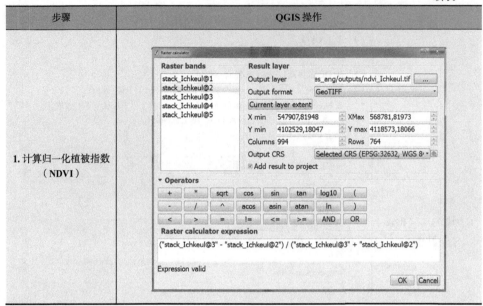

2.4.4 分割

这一步将分割 PCA 第一主成分、计算后的地形–水深数值模型（栅格格式）和 NDVI 影像。在分割过程中，还引入了划分三个伊奇库尔单元（湖泊、沼泽和 Djebel Ichkeul 群山）的矢量文件，作为强制分割的专题图层。专题图层可以用来独立分割湖区（湖泊、沼泽和 Djebel Ichkeul 群山）像素和研究区其他部分的像素。

分割各分割区多边形并计算属性的步骤见表 2.10。

表 2.10 分割各分割区多边形并计算属性的步骤

步骤	QGIS操作
1.分割	构建掩膜影像： （1）打开矢量图层 MarshLackeDjebel.shp，该图层可于本章补充资料中获取； （2）在菜单栏中，依次选择 Processing→Toolbox→GDAL/OGR→Conversion→Rasterize； （3）在 Input layer 处，选择矢量图层 MarshLackeDjebel.shp； （4）在 Attribute field 处，选择 Id 字段； （5）在 Horizontal 和 Vertical 处输入 15，以获取空间分辨率为 15m（与 NDVI 影像相同）的输出影像； （6）在 Advanced parameters→Raster type 处，选择 Byte； （7）在 Rasterized 处，将输出影像命名为 LackeMarshesDjebel_raster.tif。

2 地形-水深综合模型在沿海湿地演化研究中的应用：伊奇库尔湿地（突尼斯北部）地形与生物演化实例

续表

步骤	QGIS操作
1. 分割	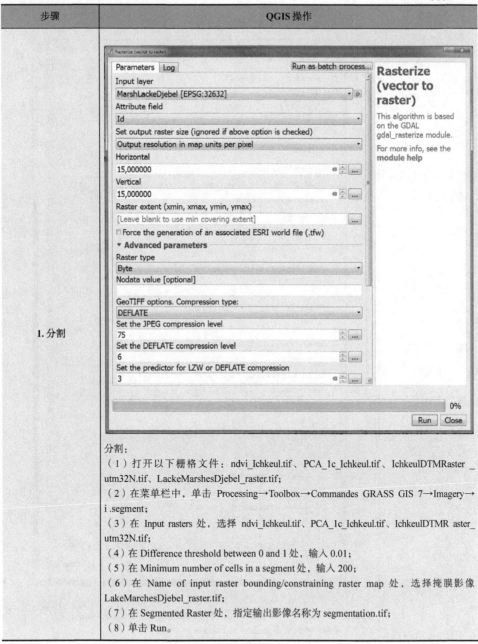 分割： （1）打开以下栅格文件：ndvi_Ichkeul.tif、PCA_1c_Ichkeul.tif、IchkeulDTMRaster_utm32N.tif、LackeMarshesDjebel_raster.tif； （2）在菜单栏中，单击 Processing→Toolbox→Commandes GRASS GIS 7→Imagery→i.segment； （3）在 Input rasters 处，选择 ndvi_Ichkeul.tif、PCA_1c_Ichkeul.tif、IchkeulDTMR aster_utm32N.tif； （4）在 Difference threshold between 0 and 1 处，输入 0.01； （5）在 Minimum number of cells in a segment 处，输入 200； （6）在 Name of input raster bounding/constraining raster map 处，选择掩膜影像 LakeMarchesDjebel_raster.tif； （7）在 Segmented Raster 处，指定输出影像名称为 segmentation.tif； （8）单击 Run。

续表

步骤	QGIS 操作
1. 分割	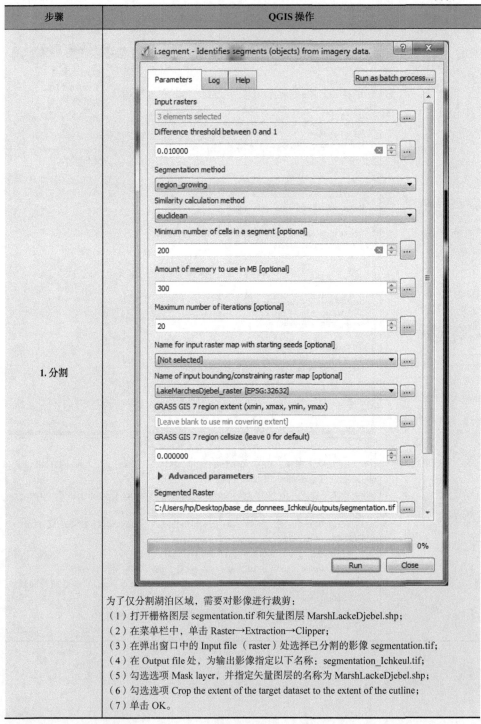 为了仅分割湖泊区域，需要对影像进行裁剪： （1）打开栅格图层 segmentation.tif 和矢量图层 MarshLackeDjebel.shp； （2）在菜单栏中，单击 Raster→Extraction→Clipper； （3）在弹出窗口中的 Input file（raster）处选择已分割的影像 segmentation.tif； （4）在 Output file 处，为输出影像指定以下名称：segmentation_Ichkeul.tif； （5）勾选选项 Mask layer，并指定矢量图层的名称为 MarshLackeDjebel.shp； （6）勾选选项 Crop the extent of the target dataset to the extent of the cutline； （7）单击 OK。

2 地形-水深综合模型在沿海湿地演化研究中的应用：伊奇库尔湿地（突尼斯北部）地形与生物演化实例

续表

步骤	QGIS操作
1.分割	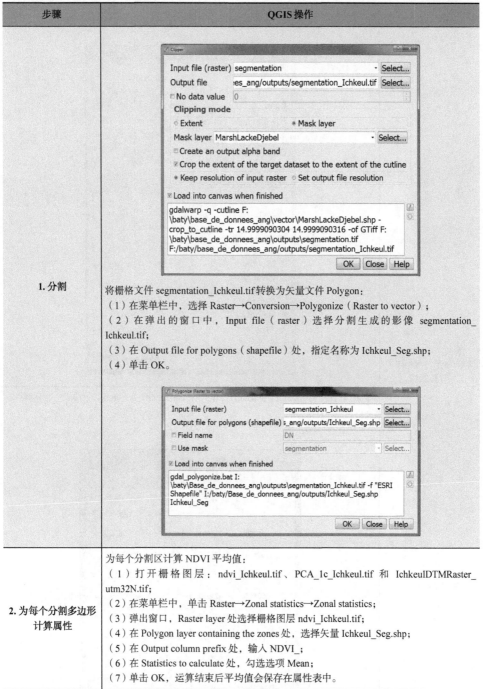将栅格文件 segmentation_Ichkeul.tif 转换为矢量文件 Polygon： （1）在菜单栏中，选择 Raster→Conversion→Polygonize（Raster to vector）； （2）在弹出的窗口中，Input file（raster）选择分割生成的影像 segmentation_Ichkeul.tif； （3）在 Output file for polygons（shapefile）处，指定名称为 Ichkeul_Seg.shp； （4）单击 OK。
2.为每个分割多边形计算属性	为每个分割区计算 NDVI 平均值： （1）打开栅格图层：ndvi_Ichkeul.tif、PCA_1c_Ichkeul.tif 和 IchkeulDTMRaster_utm32N.tif； （2）在菜单栏中，单击 Raster→Zonal statistics→Zonal statistics； （3）弹出窗口，Raster layer 处选择栅格图层 ndvi_Ichkeul.tif； （4）在 Polygon layer containing the zones 处，选择矢量 Ichkeul_Seg.shp； （5）在 Output column prefix 处，输入 NDVI_； （6）在 Statistics to calculate 处，勾选选项 Mean； （7）单击 OK，运算结束后平均值会保存在属性表中。

续表

步骤	QGIS 操作
2. 为每个分割多边形计算属性	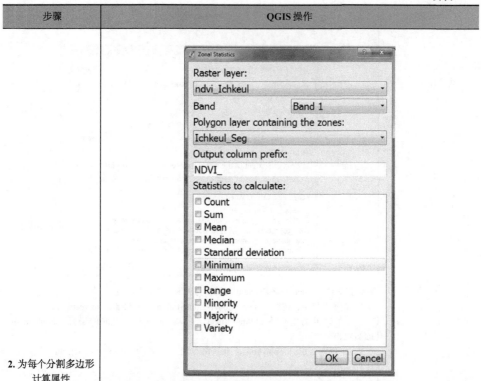 对 PCA_1c_Ichkeul.tif 和 IchkeulDTMRaster_utm32N.tif 分别重复以上步骤，并分别指定为 PCA_ 和 DTM_。 打开属性表检验结果。 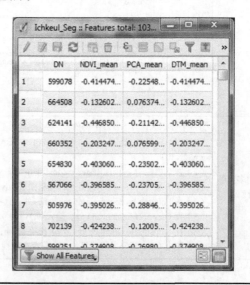

2.4.5 分类

2.4.5.1 训练集标识

这一步包括通过位置和属性标识训练区，对整个影像进行分类。通过现场确定的区域识别包含该区域的对象（分割多边形）（表2.11）。

表 2.11 在分割后影像上进行训练区（通过属性）标识的步骤

步骤	QGIS 操作
确定训练多边形并指定类名	在 QGIS 中： （1）打开 Training_sites.shp 和 Ichkeul_Seg.shp； （2）在菜单栏中，单击 Processing→Toolbox→QGIS Geoalgorithms→Vector general tools→Join attributes by location； （3）Target vector layer 处选择 Ichkeul_Seg.shp； （4）Join vector layer 处选择 training_sites.shp； （5）Geometric predicate 处勾选 intersects； （6）Joined table 处勾选 Only keep matching records； （7）Joined layer 处，将输出的矢量图层名称指定为 Training_SitesPolygon.shp； 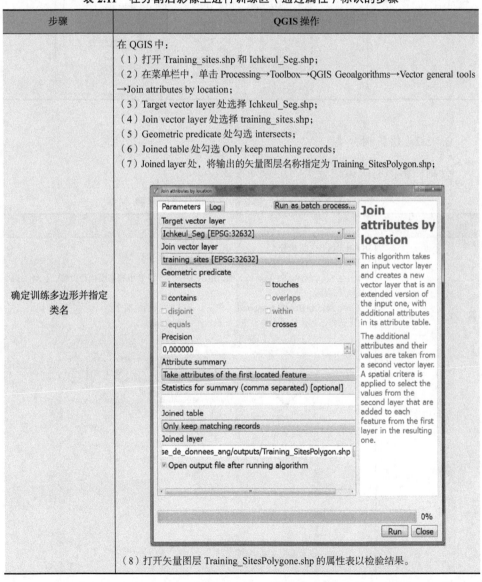 （8）打开矢量图层 Training_SitesPolygone.shp 的属性表以检验结果。

续表

步骤	QGIS 操作
确定训练多边形并指定类名	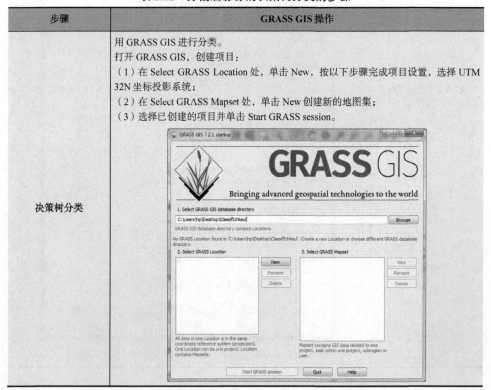

2.4.5.2 决策树分类

分割后影像的决策树分类的步骤见表 2.12。

表 2.12 分割后影像的决策树分类的步骤

步骤	GRASS GIS 操作
决策树分类	用 GRASS GIS 进行分类。 打开 GRASS GIS，创建项目： （1）在 Select GRASS Location 处，单击 New，按以下步骤完成项目设置，选择 UTM 32N 坐标投影系统； （2）在 Select GRASS Mapset 处，单击 New 创建新的地图集； （3）选择已创建的项目并单击 Start GRASS session。

续表

步骤	GRASS GIS 操作
决策树分类	数据集导入和分类： （1）单击 File→Import vector data→v.import； （2）弹出窗口，单击 Browse，选择 Ichkeul_seg.shp； 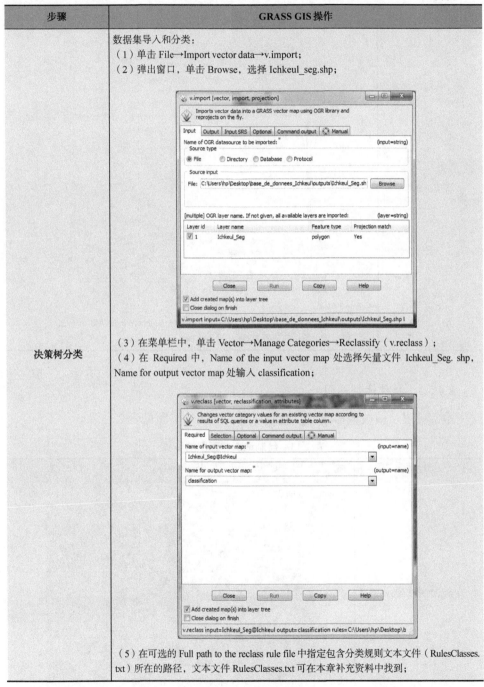 （3）在菜单栏中，单击 Vector→Manage Categories→Reclassify（v.reclass）； （4）在 Required 中，Name of the input vector map 处选择矢量文件 Ichkeul_Seg.shp，Name for output vector map 处输入 classification； （5）在可选的 Full path to the reclass rule file 中指定包含分类规则文本文件（RulesClasses.txt）所在的路径，文本文件 RulesClasses.txt 可在本章补充资料中找到；

续表

步骤	GRASS GIS 操作
决策树分类	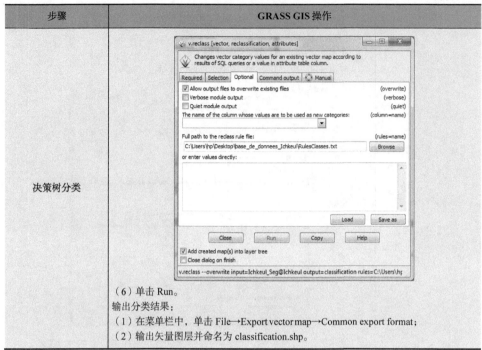 （6）单击 Run。 输出分类结果： （1）在菜单栏中，单击 File→Export vector map→Common export format； （2）输出矢量图层并命名为 classification.shp。

2.4.5.3 植被地形剖面

本部分展示植被地形剖面。绘制地形剖面图的步骤见表 2.13。

表 2.13 绘制地形剖面图的步骤

步骤	QGIS 操作
横断面建筑的地形剖面	Joumine 沼泽的地形横断面如下所示。

2 地形-水深综合模型在沿海湿地演化研究中的应用：伊奇库尔湿地（突尼斯北部）地形与生物演化实例

续表

步骤	QGIS操作
横断面建筑的地形剖面	在 GRASS GIS 的地图显示窗口中，单击 Profile surface map，再单击 Profile surface map，选择栅格 IchkeulDTMRaster.tif。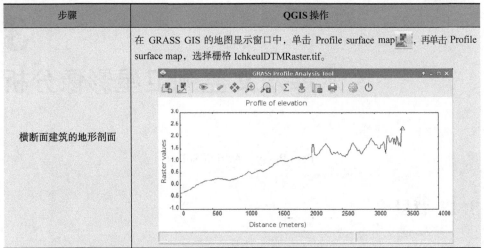

注：该表的彩色图参见 www.iste.co.uk/baghdadi/qgis4.zip，2020.10.23

2.5 参考文献

[GIL 08] GILMORE M. S., WILSON E. H., Barrett N. et al.,"Integrating multi-temporal spectral and structural information to map wetland vegetation in a lower Connecticut River tidal marsh", Remote Sensing of Environment, vol. 112, no. 11, pp. 4048-4060, 2008.

[GHR 06] GHRABI GAMMAR Z., LILI-CHABAANE Z., ZOUAGHI M.,"Evolution de la couverture végétale du parc national de l'Ichkeul（Tunisie）", Revue Ecologique Terre et Vie, vol. 61, no. 4, pp. 317-326, 2006.

[KAS 08] KASSOUK Z., LILI CHABAANE Z., DEFFONTAINES B. et al.,"Exploitation du MNT topo-bathymétrique intégré et des images satellitaires multi sources pour le suivi de la végétation des marais de l'Ichkeul（Nord Tunisie）", Les XIèmes Journées Scientifiques du Réseau Télédétection de l'AUF, Madagascar, November 3-7, 2008.

[KIM 16] KIM K.,"A hybrid classification algorithm by subspace partitioning through semi-supervised decision tree", Pattern Recognition, vol. 60, pp. 157-163, 2016.

[ROU 74] ROUSE J. W., JR. HAAS R. H., SCHELL J. A. et al.,"Monitoring Vegetation Systems in the Great Plains with Erts", Third Earth Resources Technology Satellite-1, vol. 1, p. 309, Washington, DC, 1974.

[TAM 94] TAMISIER A., BOUDOURESQUE C. F.,"Aquatic bird populations as possible indicators of seasonal nutrient flow at Ichkeul Lake, Tunisia", Hydrobiologia, vol. 279/280, pp. 149-156, 1994.

[VEN 02] VENABLES W. N., RIPLEY B. D., Modern Applied Statistics with S, Springer, New York, 2002.

3

水库水文监测卫星影像分析

Paul Passy，Adrien Selles

3.1 背景

3.1.1 科学问题

本章的目的是研究在两个水文年内人工水库表面的演化情况。通过监测可以估计该水库水文季节性变化幅度和动态。其演化将与水库周围地区的植被状况进行比较，并根据以下假设确定作物灌溉用水等级：

（1）若水库表面最大时植被指数最高，植被不活跃时水库表面最小，则水没有用于灌溉；

（2）相反，如果水库表面变小时植被指数上升，就可以假设水已用于灌溉；

（3）最后，如果没有发现相关性或反相关性，就需要考虑其他的因素。

3.1.2 物理和人文环境

本章的研究对象为辛古尔（Singur）水库，它于 20 世纪 90 年代末沿曼吉拉河（Manjira River）建造，位于特伦甘纳邦（Telangana）首府海得拉巴（Hyderabad）（印度）西北 65km 处。水库的最大库容量为 8.47 亿 m^3。辛古尔水库主要用于向海得拉巴提供饮用水。自水库投入使用以来，海得拉巴的人口翻了一倍，达到了 800 万（2011 年）。除此之外，还有部分库存水用于大坝下游稻田的灌溉。

3.1.3 印度中部水资源的重要性

辛古尔水库位于德干高原的半干旱地区，海拔约 540m。该地年均降水量为

700~800mm，大部分降雨发生在 6~10 月的雨季。自 1591 年海得拉巴建立以来，天然和人工的水池、湖泊一直被用于供应生活饮水和灌溉用水。自 20 世纪 60 年代绿色革命以来，农业发展导致了地表水和地下水资源供给压力的增加[CEL 10]。历史上，由于有来自水库的地表水，又有复杂的运河系统相连，海得拉巴供应了印度 13%的水稻产量[ADU 11]。海得拉巴及其周围的农村地区高度依赖季风，并且季风强度变化很大，生活饮水和农业用水的需求仍在不断增加。

3.2 方法和数据集

3.2.1 方法

本章使用版本为 2.18.3 的 QGIS 软件。首先是通过一系列的处理方法提取水库水面并评估其面积，然后计算植被指数分析植被状况，最后将两者结合获得这些现象的时空视图。通过 QGIS 界面构建处理链，允许在不同步骤中进行半自动化处理。为限制处理信息量，本章只详细介绍 4 个不同日期对应的四幅 Landsat 8 卫星影像，即两幅雨季结束时的影像和两幅旱季结束时的影像。处理链包含以下步骤：

（1）计算自动水提取指数（AWEI）；
（2）利用 AWEI 栅格构建二值栅格，其中像素值为 1 表示水体，其他部分的像素值为 0；
（3）矢量化二值栅格；
（4）选择代表水体的多边形；
（5）计算各水体面积（km^2）；
（6）选择辛古尔水库水面；
（7）计算土壤调节植被指数（SAVI），描述植被状态；
（8）建立陆面空间掩膜，以保证只计算水体的 SAVI 平均值；
（9）应用掩膜得到 SAVI 栅格；
（10）计算研究区陆面的 SAVI 均值。

3.2.2 数据集

本章使用 NASA 分发的、免费使用的 Landsat 8 影像。关于该传感器的详细信息，读者可参考关于使用 SAGA GIS 模块的文章[PAS 18]。这些影像已经过地表反射率预处理，以避免通过不同方法进行辐射和大气校正。如果读者不希望自己下载数据，本章将提供已编辑并裁剪过的研究区影像。此时，读者可直接跳到本章 3.3 节。

地表反射率可从美国地质调查局（USGS）运维的 EarthExplorer 门户网站上获取[PAS 18]。研究区位于"144 轨"（path）和"48 行"（row）的交叉处。关注的时间段从 2014 年 11 月到 2016 年 5 月。在门户的 Data Sets 选项卡中，选择 Landsat Archive→Collection 1 Higher Level（On-Demand）→L8 OLI/TIRS C1 Higher Level。在 Additional Criteria 选项卡中，选择云量低于 20%的影像（"陆地云量低于 20%"）。

一共有 22 幅影像满足这些条件。使用全部 22 幅影像是可以的，但本章只使用以下日期对应的四幅影像：

（1）2014 年 11 月 26 日；
（2）2015 年 5 月 21 日；
（3）2015 年 11 月 13 日；
（4）2016 年 5 月 23 日。

对于选定的每幅影像，单击 Order Scene 的购物车图标，选择后其颜色会改变。选中 4 幅影像后单击 Submit Standing Request。在新页面单击 Item Basket（4）和 Proceed To Checkout。由于需要具有高预处理级别的影像，因此不能立即获取，需要的处理时间从几分钟到几小时不等。系统首先会发送一封确认邮件，其中第二条消息说明影像正在处理中。影像处理完成后会发送最终邮件，其中包含一个链接，单击可访问下载不同的影像。下载完成后，需要解压每幅影像对应的存档文件。

现在有 4 个目录，对应 4 幅影像，名称分别如下：

（1）LC081440482014112601T1-XXX；
（2）LC081440482015052101T1-XXX；
（3）LC081440482015111301T1-XXX；
（4）LC081440482016052301T1-XXX。

每个目录都包含 Landsat 8 前七个波段，名称为 xxx_band1.tif 到 xxx_band7.tif（分别对应深蓝、蓝、绿、红、近红外、中红外 1 和中红外 2）。此外还有一个元数据文件 xxx_MTL.txt。这个文本文件包含很多信息，包括影像获取的日期（在 DATE_ACQUIRED 运行）。

如果在 QGIS 中打开下载的一个波段，会发现像素值范围从 0 到几千。根据定义，反射率是 0（无反射率）到 1（100%反射率）之间的数，这里乘以了 10000，以避免对小数进行操作。

投影系统为 WGS84/UTM 44N（EPSG 32644），其优点之一是以米为单位表示。

3.2.3 准备数据集

为减少处理时间和数据量，可以根据研究区范围裁剪影像。区域边界由 shapefile 文件 extent_singur_32644.shp 指定。首先将 shapefile 文件导入 QGIS，并将第一个日期（2014 年 11 月 26 日）的 7 个 Landsat 光谱波段按文件名格式 LC08144048201411260lT1_xxx 存储。使用菜单 Raster→Extraction→Clipper…裁剪 7 幅影像。在打开的窗口中，选择要裁剪的第一幅影像 xxx_band1，在 Output file 处将输出栅格结果命名为 singur_2014-11-26_B1.tif，并选择存储路径。在 Clipping mode 处选择 Mask layer，然后选择用于裁剪的边界 shapefile 文件，再勾选 Crop the extent of the target dataset to the extent of the cutline（图 3.1）。

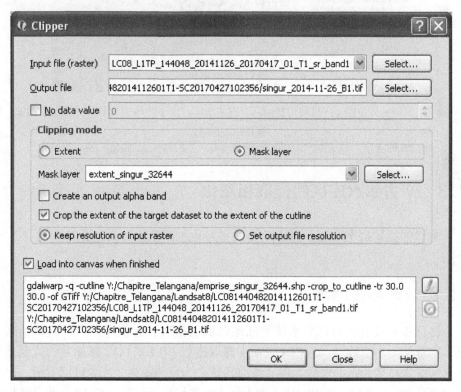

图 3.1 根据研究区范围裁剪 Landsat 影像

模块运行后，QGIS 界面显示裁剪后的波段 1（图 3.2）。重复该步骤以裁剪剩下的 6 个波段，命名分别为 singur_2014-11-26_B2.tif 到 singur_2014-11-26_B7.tif。

同理，对另外 4 幅影像重复该操作。

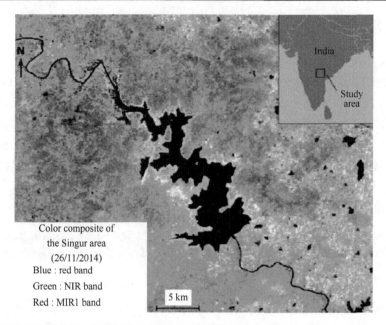

图 3.2 按照研究区范围（印度特伦甘纳邦辛古尔水库，位于北纬 17°24′N，东经 78°28′E）裁剪 Landsat 影像

图中黑暗部分为辛古尔水库。该图的彩色版本参见 www.iste.co.uk/baghdadi/qgis4.zip，2020.10.23

3.3　辛古尔水库区的提取和量化

为详细描述每个步骤，将手动提取并量化水库水面。自动化过程在 3.5 节介绍。

3.3.1　计算 AWEI 指数

这一步是计算出可区分水体和陆地区域的指数。有很多方法可以做到这一点，本章使用的指数是 AWEI（自动水提取指数）[FEY 14]。该指数的优点是可将水体像素转换为正的像素，将陆地像素转换为负的像素。读者可以看到，以 0 为阈值是非常合适的，它可以用来对水体表面进行自动提取。AWEI 指数有两种计算方法，本章将使用针对平原和平坦地区没有明显阴影的计算方法，公式如下：

$$\mathrm{AWEI}_{nsh} = 4 \times (G - \mathrm{MIR1}) - (0.25 \times \mathrm{NIR} + 2.75 \times \mathrm{MIR2}) \quad (3.1)$$

其中，G 为绿光波段（Landsat 8 的 B3）；NIR 为近红外波段（B5）；MIR1（B6）和 MIR2（B7）为两个中红外波段。

单击菜单中的 Raster→Raster calculator… 可以计算该指数。在 Raster

calculator expression 中输入公式，并将结果另存为 awei_2014-11-26.tif（图 3.3）。

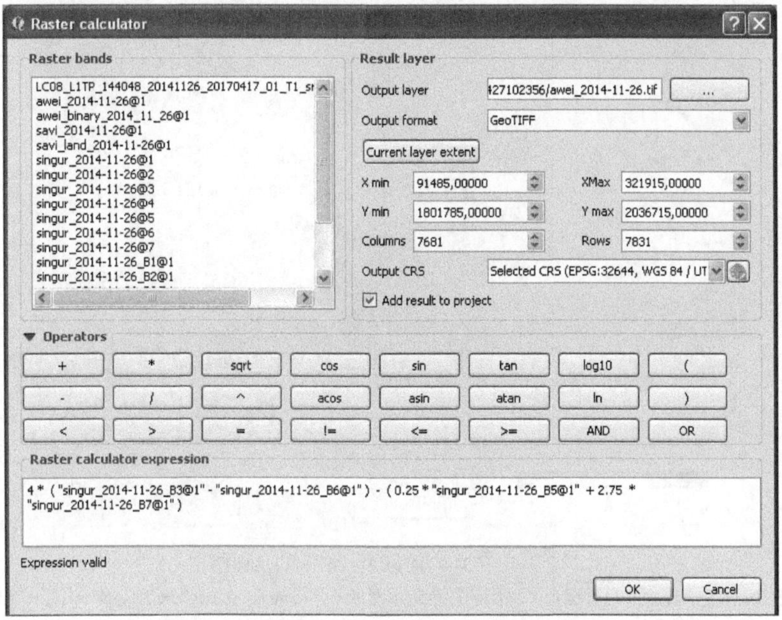

图 3.3　通过栅格计算器计算 AWEI 指数

计算完成后结果会显示在屏幕上，图层显示样式调整后可获得如图 3.4 所示的栅格。青绿色的像素对应正值，其他的像素对应负值。水体表面会表现为青绿色，故此可以辨别出水库、独立的湖泊和溪流。

至此已经获得了易区分水面和陆面的栅格影像。所有的正像素对应水体，所有的负像素对应陆地。当然，交界处的陆地像素可能不完全等于 0，可能会导致误分类。这种不确定性是该方法的局限性之一。

3.3.2　构建水陆二值栅格影像

根据之前的栅格影像 awei_2014-11-26.tif，可以构建水体表面编码为 1，其他部分编码为 0 的二值栅格。再次使用栅格计算器，在表达式输入框中输入如下表达式：

$$\text{"awei\_2014-11-26@1"} \to 0 \tag{3.2}$$

结果另存为 awei_binary_2014_11_26.tif，在主窗口中显示如图 3.5 所示。

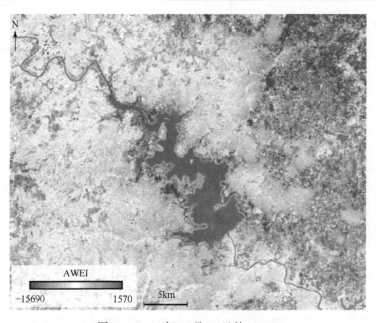

图 3.4　2014 年 11 月 26 日的 AWEI
研究的水库在影像中心呈青绿色。该图的彩色版本参见 www.iste.co.uk/baghdadi/qgis4.zip，2020.10.23

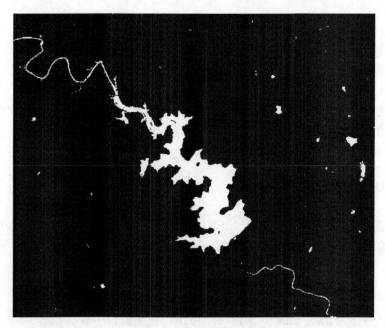

图 3.5　AWEI 二值栅格
白色部分像素值为 1（水体），黑色部分像素值为 0（陆地）

从科学的角度出发，人们可能会提出哪里是水库上游的界限问题。这项工作是在一条河上进行的，很难准确确定上游河流的河口在水库的什么位置。本章把这些因素放在一边，集中注意力于实践方面。

3.3.3 二值栅格矢量化

这一步的目标是确认水库的水体表面。如果需要计算属性，那么处理矢量数据更容易，因此在进一步分析前需要将二值栅格矢量化。

在菜单中选择 Raster→Conversion→Polygonize（Raster to vector）…，在弹出的窗口中输入要转换的栅格文件 awei_binary_2014_11_26.tif，生成的矢量化文件另存为 water_land_2014-11-26.shp（图 3.6）。

转换后获得一个"多边形"shapefile，对应水体表面的实体具有值为 1 的 DN 属性，其他实体的 DN 属性值为 0。可通过查看属性表进行检查。

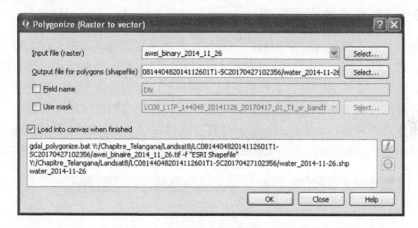

图 3.6　AWEI 指数二值栅格的多边形化

3.3.4 选择水体多边形

这一步是从水体表面选择多边形，即 DN 属性值为 1 的多边形。使用 Select entities using an expression 工具（在工具栏的黄色方块上，形如圆形"E"的图标）。首先必须在图层面板中选择对应的矢量图层（蓝色高亮表示），然后使用简单查询（"DN"=1），在选择窗口（图 3.7）的左侧面板输入查询公式。

选择完成后对应水面的实体会显示成黄色，可以将选择结果另存为新的 shapefile 文件 water_2014-11-26.shp。为此，右键单击图层，Save as…，选择保存结果的位置，勾选选项 Save only the selected features。新生成的多边形 shapefile 仅包含水面。

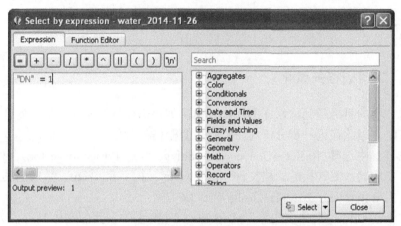

图 3.7 用公式"DN"=1 选择对应水体表面的多边形

3.3.5 计算水库的水面面积

从获得的水面 shapefile 来看，辛古尔水库并不是研究区内唯一的水体，但它是面积最大的。因此通过计算所有水体的面积，可知其中值最大的区域对应研究对象。然而需要注意的是，水库的河流下游和水库区域有所混淆，会导致水库面积的计算结果偏大。在后面的流程自动化部分，将阐述如何解决此问题。

水体表面积通过 Field calculator 计算。选择图层 water_2014-11-26.shp，单击工具栏中形似计算器的图标（Open the field calculator）。在弹出窗口（图 3.8）

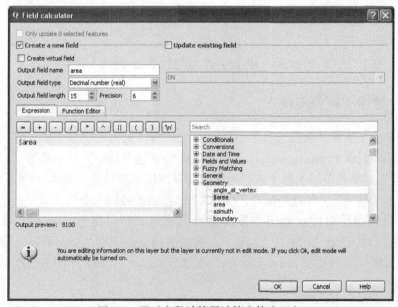

图 3.8 通过字段计算器计算水体表面积

中创建新属性 area，字段类型为 Decimal number（real），字段长度为 15，精度为 6（长度和精度由用户自定），在 Expression 面板输入$area（或者直接在窗体中央面板的下拉菜单 Geometry 中选择）。结果单位与投影的单位相同，即平方米。

计算时，图层会自动变为 Edit 模式，这也是其显示为红色的原因。要退出编辑模式并保存计算结果，可以右键单击图层，选择 Toggle editing mode 并保存更改。

打开 water_2014-11-26.shp 图层的属性表可以看到新的字段 area，存储每块水体的面积（m²）。单击 area 字段使其按降序排序，第一行对应辛古尔水库，选择该属性值时也会选择对应水库的实体（图 3.9），其表面积为 68559300m²，或 68.6km²。

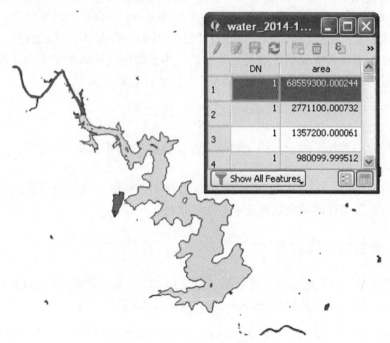

图 3.9　最大水体对应的辛古尔水库实体
该图的彩色版本参见 www.iste.co.uk/baghdadi/qgis4.zip，2020.10.23

至此通过分析 Landsat 影像进行了一系列的处理计算辛古尔水库的面积。下一节将描述同一日期水库附近植被的状态。

3.4　植被特征

从科学的角度讲，首先必须确定水库的影响范围。将水库面积与多大区域的植被比较更合适，5km 内，或者 10km 内，或者更大范围？实际上，要界定影响范围是非常困难的。本章实例中，由于更关注实用的一面，所以任选了一个研究区范围。

3.4.1 选择植被状态指标

利用卫星影像分析时可以使用植被特征指数。有很多指数可以表达植被特征。植被监测是卫星影像最早的应用之一（在天气监测应用之后）。据说美国 20 世纪 70 年代启动 Landsat 计划初期的动机是检查和评估苏联的农作物，使美国能更密切地分析全球谷物市场和相关的地缘政治问题。

目前使用最广泛的指数是 20 世纪 70 年代提出的 NDVI（归一化植被指数）。本章使用 SAVI（土壤调节植被指数）[HUE 88]。该指数结构特殊，能较好地分析地表大范围裸露情况下的植被，因此，可以看作是 NDVI 的改进，很多学者推荐在植被覆盖稀疏的区域使用该指数。本章的研究区属于半干旱地区，植被覆盖在时间和空间上都是多变的。SAVI 的计算公式如下所示：

$$\text{SAVI} = \frac{(1+L)(\text{NIR} - R)}{\text{NIR} + R + L} \quad (3.3)$$

其中，L 为一个改正因子，用于顾及低密度植被覆盖周围的裸露土壤。L 值通常设为 0.5。

本部分将计算研究区的 SAVI，同时会使用"掩膜"和之前提取的水面。掩膜可以保证只统计区域内陆地部分相关的植被。

3.4.2 计算研究区的 SAVI

计算 SAVI 需要用到栅格计算器（见 3.3.1 节）。基于光谱波段和 Landsat 8 波段的对应关系，在计算器的 expression 面板中输入如下公式：

("singur_2014-11-26_B5@1"-"singur_2014-11-26_B4@1")/
("singur_2014-11-26_B5@1"+"singur_2014-11-26_B4@1"+0.5)*
(1+0.5)   （3.4）

结果命名为 savi_2014-11-26.tif。调整图层样式后获得图 3.10 的栅格。

大多数负值（图 3.10 的蓝色部分）对应开阔水域，据此可看到水库（蓝色）的外形。SAVI 越高，植被的光合作用越强，即植物越"健康"。该现象表现为红色的强度，像素红色越深，健康植物覆盖的像素越多，反之越靠近白色的像素，健康植物覆盖的像素越少。

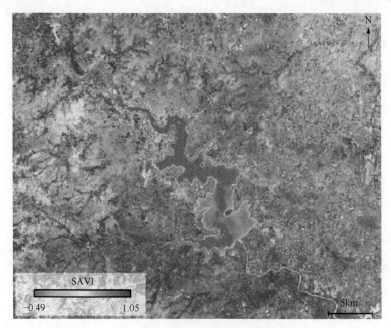

图 3.10　辛古尔水库附近的 SAVI
该图的彩色版本参见 www.iste.co.uk/baghdadi/qgis4.zip，2020.10.23

3.4.3　创建陆地–水体掩膜

为保证分析的一致性，在计算 SAVI 统计数据时将不考虑开阔水面。事实上，观察水体的植被状态与本章的研究无关。即使水生植物可能存在，研究中也不考虑。这里使用前一节创建的 AWEI 指数二值栅格 awei_binary_2014-11-26.tif 屏蔽水体，目标是获取陆面部分的 SAVI 值，并将水体部分的值设为 no data。

AWEI 二值栅格中水面编码为 1，陆地编码为 0。首先将所有值减去 1，使得水面编码变为 0，陆地编码变为-1；取倒数（1/栅格），得到值为 no data 的水体（因为被 0 除是不可以的），陆地变为-1；然后乘以-1，陆地变为 1。最后用该掩膜简单乘以 SAVI 栅格。陆地部分获得了 SAVI 值，而水体部分则为"no data" * SAVI 仍为 no data。利用栅格计算器实现该操作，在表达式面板中输入如下表达式：

(-(1/("awei_binaire_2014_11_26@1"-1)))*"savi_2014-11-26@1"
(3.5)

得到图 3.11 的栅格。

3.4.4　SAVI 地表指数统计

至此有了与给定日期水面高度匹配的陆面 SAVI 栅格。SAVI 是一个较好描述

图 3.11 应用掩膜仅保留陆地像素后的 SAVI

水面显示为白色，实际上为"no data"。该图的彩色版本参见 www.iste.co.uk/baghdadi/qgis4.zip，2020.10.23

研究区内植被状态的指标。现在可以通过计算区域内 SAVI 的平均值进行总体分析：打开 Processing Toolbox→QGIS geoprocessing→Raster tools 面板中的 Raster layer statistics 工具，在弹出的窗体中指定需要统计的栅格 savi_land_2014-11-26.tif，保存统计数据的文件命名为 stats_savi_land_2014-11-26，最终计算得到平均 SAVI 值为 0.69。

现在已经详细描述了计算指定日期辛古尔水库面积和描述同一日期邻近植被特征的步骤。为处理由多个日期构成的时间序列，下一节讨论如何自动化处理这些步骤。

3.5 构建 QGIS 模型实现处理链自动化

3.3 和 3.4 节详细描述了初步解决问题的不同步骤，处理过程较长且应用于不同日期时相当烦琐。自动化处理可提高方法的效率。处理过程可以是半自动化的，需要逐幅处理 Landsat 影像，然后进行后处理；完全自动化也是可以实现的，但需要编写脚本（如 Python），这就偏离了本章的目的。

自动化需要通过 QGIS 模型构建器实现。在构建过程中用户可以图形化地创建算法序列。

3.5.1 模型设置

本节从空白的 QGIS 工程加载 7 幅 Landsat 影像，对应影像分析的 7 个光谱波段。这里使用已经处理过的 2014 年 11 月 26 日的影像进行分析。

可以利用 Processing Toolbox→Models→Tools→Create new model 建立自己的模板，Processing modeler 窗体会弹出（图 3.12）。

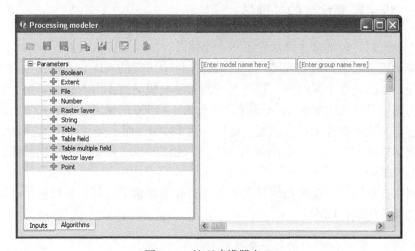

图 3.12　处理建模器窗口

左侧面板列举了所有可用于模型的参数。本例中使用 raster layer 和 vector layer。单击面板底部 Algorithms 标签可看到模型中能调用的算法列表（图 3.13）。

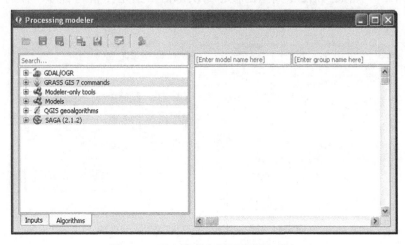

图 3.13　可在模型中调用的算法列表

可调用模块 GRASS GIS、SAGA GIS、GDAL、QGIS⋯

在右侧面板中拖放要链接的参数和模块。该方法是完全图形化的，无须编写任何代码。虽然使用图形化方法看起来简单，但这种方法有内在的限制（无迭代、无逻辑测试、无参数调优等）。

在指定框中给模型命名为 awei_singur_en，将组命名为 singur_en。单击磁盘图标保存所有信息，将存储在工作目录中的模型命名为 singur。

3.5.2　构建提取水库的处理链

本模型对之前的理论算法做了一点小修改。之前 AWEI 计算完成后，正值像素对应水面，负值像素对应陆面。然而，本例中研究的水库在有时候非常浅，非常浑浊，尤其是在干旱时期，这对水面的光谱响应具有不可忽视的影响。因此，可以将阈值设置为–1000，而不是 0。所有大于–1000 的像素将被识别为水像素。不要忘记，这些影像的像素值范围是从 0 到 10000，而不是从 0 到 1，因此–1000 阈值处对应的"真实"反射率仅为–0.1。实现任务自动化无可避免地需要进行一定程度的折中。

利用处理链可以提取指定日期的水库，并描述植被特征。处理四个日期时处理链需要循环执行四次。

3.5.2.1　定义模型中的第一条链

处理链的第一步是计算区域内的 AWEI 指数。如上所述，计算指数需要输入四幅不同的栅格影像，对应绿光近红外，以及两个中红外波段。首先从 Inputs 面板拖放四个 Raster layers 到主面板，每次都需要给定栅格的名称，分别命名为 green，nir，mir1 和 mir2（图 3.14）。

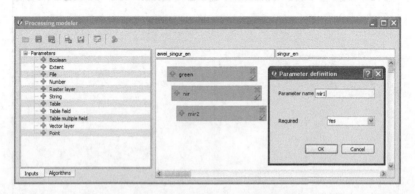

图 3.14　导入用于计算 AWEI 指数的波段

波段加载完成后就可以推算 AWEI 指数。在模型中添加一个算法。模型的功能类似栅格计算器。本例中选择模块 GDAL/OGR→[GDAL] miscellaneous→

Raster calculator（图 3.15）。设置窗口打开后，选择需要处理的栅格以及需要执行的操作。可以指定模型的描述为 AWEI Calculation。然后配置第一个栅格（第一个图层）。算法中为 Input layer A，示例中选择 green 栅格。之后对 B、C、D 进行同样的操作，分别选择 nir、mir1 和 mir2 栅格，然后在 Calculation in gdalnumeric syntax…中输入表达式。图层须用字母而不是名称表示，计算 AWEI 值的公式（表达式不含空格）如下：

$$4*(A-C)-(0.25*B+2.75*D) \tag{3.6}$$

在 Calculated 行（位于 Raster calculator 窗口底部）为输出产品指定一个通用名称 awei，其他选项则采用默认值。

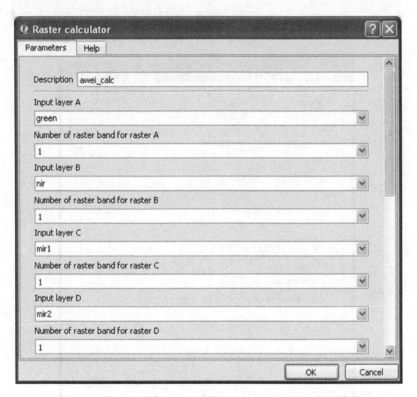

图 3.15　模型中计算 AWEI 指数的 Raster calculator 算法参数

在这一步的最后，构建的模型与图 3.16 类似。注意应定期保存模型。

到这一步已经可以运行测试模型：单击 Processing modeler 窗口工具栏的齿轮图标，启动时会自动打开窗口提示要输入的数据，窗口的名称与模型名称相同（图 3.17）。

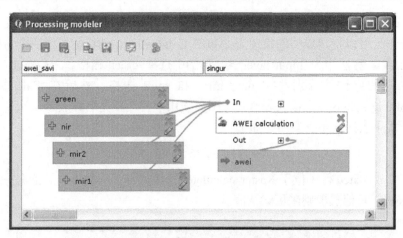

图 3.16　模型第一步：计算 AWEI 指数

图 3.17　启动测试模型的第一步

注意，栅格并没有按顺序排列，需要确认光谱波段和 Landsat 8 波段是否对应。运行结果可存储在临时文件中。运行过程中可能会出现警告信息，但这并不影响结果。最后 QGIS 主窗口中会显示 AWEI 栅格。

既然已经知道了如何构建调用单一模块的简单模型，接下来就是如何链接多个模块提取水库并计算描述植被特征的 SAVI。

3.5.2.2 链接模型中的模块

如 3.5.2.1 节所述，是将 AWEI 栅格转化为二值栅格，其中水像素为 1，陆地像素为 0。通过将之前用于计算 AWEI 的模块的输出结果作为这一步的输入，即可完成此模块的插入（图 3.18），使用的模块仍然是 GDAL/OGR→[GDAL] miscellaneous→Raster calculator。

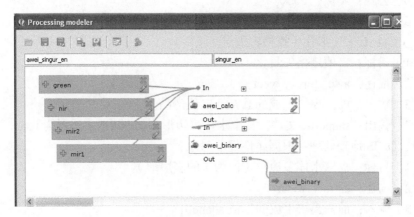

图 3.18　前一个模块的输出作为第二个模块的输入

在该模块的配置窗口中，Description 字段输入 awei_binary，Input layer A 选择前一模块输出的结果，即 AWEI calc 算法创建的 Calculated，这样就完成了两个模块的链接。在字段 Calculation with the gdalnumeric syntax…输入表达式 A>（-1000），使得水像素为 1，其他像素为 0。为可视化计算结果，在 Calculated <OutputRaster>字段输入 awei_binary。单击齿轮形状的 Run model 图标运行模型。运行时可能会出现警告信息，但这并不影响结果。最终输出二值栅格产品，可通过调整样式增强其可视性。

3.5.2.3 输出完整的模型

下面描述了需要链接的多个模块。值得注意的是，计算 SAVI 时需要添加对应红光波段（4 波段）的 Raster layer 参数。目前仅完成了前两步。可以在矢量化 AWEI 二值栅格步骤中进一步完成模型处理。如果不需要输出中间产品，可以保留 Calculated <OutputRaster>字段为空白。

1. 计算 AWEI

1）GDAL 栅格计算器

（1）目标：awei_calc。

（2）描述：awei_calc。

（3）输入：green（B3）、nir（B5）、mir1（B6）、mir2（B7）。

（4）输出：AWEI，水体部分>0，陆地部分<0。

2）GDAL 栅格计算器

（1）目标：分离水体（1）和陆地（0）。

（2）描述：awei_binary。

（3）输入：前一模块生成的 AWEI 产品。

（4）公式：A>-（1000）。

（5）输出：AWEI 二值栅格。水体为 1，陆地为 no data。

3）GDAL 多边形化（栅格转矢量）

（1）目标：二值栅格矢量化。

（2）描述：awei_binary_vect。

（3）输入：前一模块生成的 AWEI 二值产品。

（4）输出：shapefile 文件，其中水体多边形为 1，陆地多边形为 0。

4）QGIS 地理处理：根据属性提取对象

（1）目标：提取水体多边形（值为 1 的多边形）。

（2）描述：extract_water。

（3）输入：前一模块生成的二值 shapefile。

（4）选择属性：DN。

（5）运算符：=。

（6）值：1。

（7）输出：水面多边形。

5）QGIS 地理处理：字段计算器

（1）目标：计算各水体多边形的面积。

（2）描述：calc_area。

（3）输入：前一模块生成的水面多边形。

（4）参数：

字段名：area。

字段类型：Float。

字段长度：10。

字段精度：3。

是否创建新字段：yes。

公式：\$area/1000000（将结果转化为 km^2）。

（5）输出：与输入的多边形相同，但增加了 area 字段，其值为多边形的面积，单位为 km^2。保留结果 shapefile 并命名为 water_area。

6）QGIS 地理处理：数字字段的基本统计

（1）目标：找到面积最大的水体，对应辛古尔水库（因为辛古尔水库是影像中最大的水体）。

（2）描述：area_singur。

（3）输入：前一模块生成的水体多边形（包含 area 字段）。

（4）输出：html 摘要文件，最大值对应辛古尔水库。保存该文件并命名为 stats_singur。

2. 计算 SAVI

1）GDAL 栅格计算器

（1）目标：在不考虑水体的情况下计算 SAVI（或计算陆地 SAVI）。

（2）描述：savi_calc。

（3）输入：NIR（B5，对应模块的图层 A）、红（B4，对应模块的图层 B）和 AWEI（对应模块的图层 C）。

（4）公式：$(C<-1000)*((A-B)/(A+B+0.5)*(1+0.5))$。将 SAVI 乘以 $(C<-1000)$ 是为了只计算陆地像素。

（5）输出：SAVI 栅格。

2）QGIS 地理处理：栅格图层的基本统计

（1）目标：计算研究区内 SAVI 的平均值。

（2）描述：stats_savi。

（3）输入：前一模块生成的 SAVI 栅格。

（4）输出：html 摘要文件。将其保存为 stats_savi。

最终，得到如图 3.19 所示的 QGIS 模型，其中包括 5 个输入栅格（绿、nir、

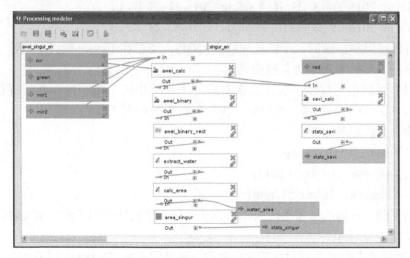

图 3.19 完整的模型，包含 5 个输入栅格、1 个 shapefile、2 个 html 文件输出，以及 8 个互相链接的模块

该图的彩色版本参见 www.iste.co.uk/baghdadi/qgis4.zip，2020.10.23

mir1、mir2 和 red，分别对应 B3、B5、B6、B7 和 B4）；一个边界 shapefile 文件（water_area），包括表示水面及相关面的多边形；两个包含水体面积（stats_singur）统计数据的 html 文件，其中面积最大的为辛古尔水库，第二个文件（stats_savi）包含研究区 SAVI 的统计数据。

现在可以用 2014 年 11 月 26 日获取的第一幅 Landsat 8 影像测试模型。模型可在 Models 菜单的 Toolbox 面板找到。启动模型时必须保证光谱波段和栅格名称的一致性，可将输出结果 water_area 命名为 water20141126.shp，将 stats_singur 命名为 statsWater20141126.html，将 stats_savi 命名为 statsSavi20141126.html。模块执行后，水体表面的 shapefile 将会显示在主窗口，另外 QGIS 中还会出现一个新窗口显示两个 html 文件。从水体表面的摘要文件中找到辛古尔表面（最大值）。由于模型中 AWEI 的阈值不同，这里得到的辛古尔水体面积与之前小计算有差异。区域内 SAVI 的平均值则在另一个 html 文件中。

3.5.2.4　应用模型处理其他影像

这类模型的好处是能针对不同日期的不同数据执行相同的处理。接下来可以用该模型分别对 2015 年 5 月 21 日、2015 年 11 月 13 日、2016 年 5 月 23 日获取的其他三幅影像进行处理。首先须将这三幅影像按研究区边界进行裁剪。读者可按"准备数据集"这节中的相同步骤自行处理，或者直接使用已裁剪的影像。各影像处理前后名称如下所示：

singur_2015-05-21_B1.tif → singur_2015-05-21_B7.tif

singur_2015-11-13_B1.tif → singur_2015-11-13_B7.tif

singur_2016-05-23_B1.tif → singur_2016-05-23_B7.tif

可以将每幅影像的 7 个波段加载进 QGIS，通过在 Layers 面板中创建 groups 组织项目。可按图 3.20 为各组命名：

现在可以运行模型三次，每次对应三个日期中的一幅影像。处理链首先从 2015 年 5 月 21 日的影像开始执行，模型运行参数如图 3.21 所示。

输出文件命名如下：

（1）water20150521.shp；

（2）statsSavi20150521.html；

（3）statswater20150521.html；

剩下两个日期的影像也按同样的方法处理，按同样的模式给输出文件命名，结果如图 3.22 所示。

这些范围与每个数据对应的水库面积及陆地像素平均 SAVI 值相关（表 3.1）。

3 水库水文监测卫星影像分析

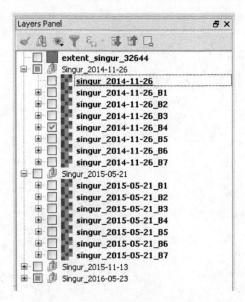

图 3.20 组织用于模型运行的图层

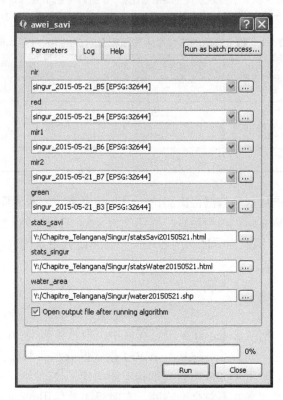

图 3.21 运行模型处理第二个日期的影像

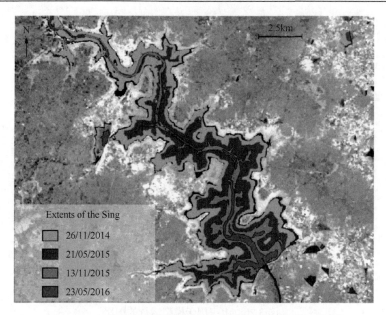

图 3.22　辛古尔水库的四个范围，分别对应四个处理日期
该图的彩色版本参见 www.iste.co.uk/baghdadi/qgis4.zip，2020.10.23

表 3.1　每个日期的辛古尔水库面积及对应的 SAVI 平均值

日期	辛古尔水库面积/km²	区域内 SAVI 均值
2014 年 11 月 26 日	75.70	0.65
2015 年 5 月 21 日	39.56	0.47
2015 年 11 月 13 日	13.99	0.67
2016 年 5 月 23 日	3.00	0.38

很明显不能单从这些数据得出结论，但看起来辛古尔水库面积和邻近植被没有任何关系。植被显示出两个活跃性峰值在每年的 11 月。而水库面积的最大值并不一定在 11 月。因此为了证明两者相关，必须研究更具代表性的影像样本。

3.6　结论

本章介绍了如何从 Landsat 8 卫星影像中提取水体表面，以及如何比较水面与邻近植被的状态。提出了一种基于 AWEI 指数提取水面和基于 SAVI 指数描述植被特征的算法。使用 QGIS 内置模型构建器构建了自动执行算法的模型。模型中使用的模块初看起来并不总是准确的，有时候需要使用间接的方法，有时候需要修改特定参数，如修改 AWEI 的阈值，以最大限度地匹配两个日期间波动较大的光谱响应。

3.7 参考文献

[ADU 11] ADUSUMILLI R., LAXMI S. B.,"Potential of the system of rice intensification for systemic improvement in rice production and water use: the case of Andhra Pradesh, India", Paddy Water Environment, vol. 9, no. 1, pp. 89-97, 2011.

[CEL 10] CELIO M., SCOTT C. A., GIORDANO M.,"Urban-agricultural water appropriation: the Hyderabad, India case", Geographical Journal, vol. 176, pp. 39-57, 2010.

[FEY 14] FEYISA G. L., MEILBY H., FENSHOLT R. et al.,"Automated water extraction index: a new technique for surface water mapping using Landsat imagery", Remote Sensing of Environment, vol. 140, pp. 23-25, 2014.

[HUE 88] HUETE A. R.,"A Soil-Adjusted Vegetation Index(SAVI)", Remote Sensing of Environment, vol. 25, pp. 295-309, 1988.

[PAS 18] PASSY P., THÉRY S.,"The use of SAGA GIS Modules in QGIS", in BAGHDADI N., MALLET C., ZRIBI M.(eds), QGIS and Generic Tools, ISTE Ltd, London and John Wiley & Sons, New York, 2018.

4

QGIS 网络分析和路径选择

Hervé Pella, Kenji Ose

4.1 概述

本章的目的是展现 QGIS 提供的多种网络分析和路径选择处理方法。在简短的网络和图论介绍后,将讨论使用 GIS 构建和验证网络的规则。4.3 节着重阐述一些水文网络发展和分析的示例,作为整个项目的一部分,在 4.4 节说明水文网络分析和路径选择方面的一些实践。

4.2 基本概念

4.2.1 网络的定义

网络是一组相互连通或相交的线和元素集合。更精确的定义是:网络是由元素或点(通常称为结点或顶点)组成的框架或结构,通过链(线、弧或边)相连,以确保它们之间的互联或交互(来源:维基百科)。图是对网络进行建模的抽象模型。图可通过链的方向进行区分[BEA 10]。如果链是有向的,则其表示的结点间关系是单向且不对称的,这种图称为"有向图"。本章还将区分简单图与其他图。图论将简单图定义为不包含环路(从某个顶点出发且回到该顶点的链)且不包含多链(两个顶点与多个链相连)的顶点集合。本章中将水文网络表示为简单有向图。

法国国家地理和森林信息研究所(IGN)ROUTE 500®数据库是一款具有代表性的基于网络的数字产品。该数据库包含完整的路网分类(高速公路、国道、县道),具有系列属性(道路编号、通行性、链的重要性等),并补充有二级路网元素和主要交通基础设施(来源:IGN Route 500®)。空间对象组织及其连通性、交通逻辑描述以及 36600 个法国公社,构成了该网络,能够进行网络遍历。导航可有多种形式:查找两点间的最佳路线以及与道路运输相关的各种应用(查找指定城市与城市间的路线及其相关成本、交通优化、多模式联运和地理销售应用等）。

4.2.2 网络拓扑

GIS 拓扑由一组处理空间实体关系的规则表达。这些规则确定了网络拓扑的一致性，是所有形式空间分析的前提条件。

网络一致性包括以下三方面的检查：

（1）重叠：线与线可能相交或相割，但不能有共同的线段（图 4.1a）。当两条线之间有公共线段时，网络一致性处理会将公共线段分割为两个不同的段，并删除其中一个。

（2）相交：相交只能在末尾，也就是结点处（图 4.1b）。当两条线相交时，一致性检查会将其分割为两条不同的线段。

（3）悬挂线：线的末结点没有与其相连的线时，这条线就成为悬挂线（图 4.1c）。悬挂线可准确移动到参考几何的位置（snap 操作）。一个例外是，在水文网络中位于流域上游（水源）的弧的上游节点。

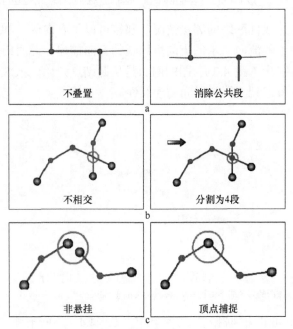

图 4.1　网络[①]拓扑规则

a. 重叠；b. 相交；c. 悬挂。该图的彩色版本（英文）参见 www.iste.co.uk/baghdadi/qgis4.zip，2020.10.23

---

① https://portailsig.org/content/grass-gis-geometries-topologies-et-consequences-pratiques-vecteurs-rasters-volumes.html，2020.10.23。

4.2.3 拓扑关系

在网络中，邻接或连续意味着空间单元有一个公共结点，这有助于发现与目标弧直接相连的弧段。非量测的拓扑关系只考虑空间单元远离目标单元的级数。当两个实体相接触（即有共同结点）时为一级邻接，两实体之间插入另一实体（图 4.2）时为二级邻接等。例如，交通中的邻接级数可用于确定从一个位置移动到另一个位置所需的变换次数。

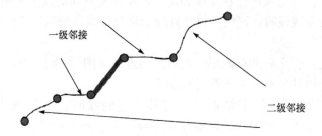

图 4.2 简单有向网络的邻接情况

该图的彩色版本（英文）参见 www.iste.co.uk/baghdadi/qgis4.zip，2020.10.23

连通性可描述线性网络的邻接情况。邻接可以是有向的，如水文网络，连通性可描述网络中水的流向。水的流向可用弧的方向描述，此时组成弧的点从上游到下游按流向数字化（图 4.3）。图的遍历是从源结点开始，依次考虑相邻顶点实现的，因此需要考虑到不同弧段间的连续性。

图 4.3 弧的流向由组成弧的结点方向表示

该图的彩色版本参见 www.iste.co.uk/baghdadi/qgis4.zip，2020.10.23

水的流向也可以根据拓扑关系确定（图 4.4）。每条弧都由其上游结点（ArcInfo 拓扑中的起始结点或者 Fnode）和下游结点（ArcInfo 拓扑中的终止结点或者 Tnode）定义。两个连续的弧段具有相同的端点（上游弧的末端点与下游弧的始端点相同）。同理，两弧流向同一点时，其末端点是相同的。因此图的遍历可以只通过拓扑实现，无须考虑地理实体。

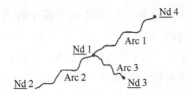 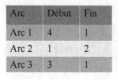

图 4.4 通过拓扑确定弧的流向

该图的彩色版本参见 www.iste.co.uk/baghdadi/qgis4.zip，2020.10.23

4.2.4 图遍历：最短路径案例（Dijkstra）

最有名的图遍历算法大概是荷兰计算机科学家艾兹格·迪科斯彻（Edsger Dijkstra）提出的算法[DIJ 59]，支持在加权有向图中计算起始顶点到其他所有顶点的最短路径。算法的目标是按到起始顶点的最短距离升序计算出包含不同顶点的子图。首先是计算各相邻顶点到指定顶点的距离，然后从最近的顶点（权重最小的顶点）开始再次计算每个弧的距离，重复计算直到覆盖所有顶点。最短路径就是成本最低的（图 4.5）路径。在水文网络中，处理较为简单，因为网络遍历必须从水流起点沿下游方向进行。

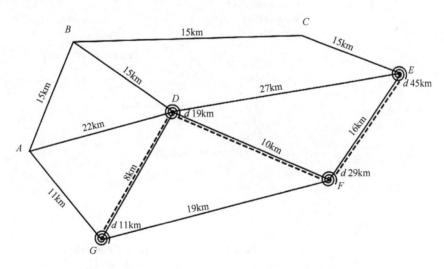

图 4.5 Dijkstra 算法分析加权图的最短路径（虚线）

4.3 水文网络的构建和分析实例

随着 GIS 的发展，人们可以将环境变量和河道联合起来进行分析。由于需要考虑上游的影响，应用于该主题的工具和方法也逐渐发展起来。应用实例包括河流流域的土地利用分析、网络中河流的位置、到源头或海洋的距离对现有鱼类种群建模或沿网络流动建模的影响等[OBE 01]。

通过水文网络，空间上可以关联以下物理参数：地形（海拔、坡度）、地理（区域长度、流域面积等）、气候（降水量、温度）、水文（液体和固体流），并可以沿下游累计，为水文学、地形学和生态学领域提供有用的数据。

例如，为了更好地进行资源调查和河流管理，开发了新西兰河流环境分类系统（REC）。该网络系统为影响评估研究、管理计划定义、监测方案制定和外业数据说明提供了框架[SNE 02]。例如，该系统曾用于分析融雪对4级及以上河流年平均水流量的影响（图4.6）。

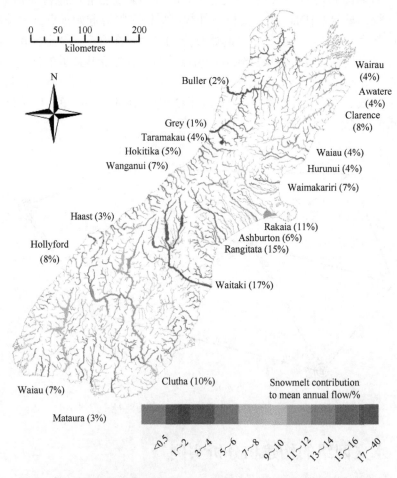

图 4.6 融雪对斯特拉勒（Strahler）4级及以上河流年平均水流量的影响
括号内的百分比反映的是新西兰一些较大河流的河口融雪影响估计[KER 13]。
该图的彩色版本参见 www.iste.co.uk/baghdadi/qgis4.zip，2020.10.23

法国也建立了同类型的网络[理论水文网络（RHT）]，其初期目的是建立全国统一的拓扑网络，并关联一组环境属性（图4.7），可以满足不同的科学和工程需求[PEL 12]。开发的网络系统已用于多个项目，如氮通量建模[DUP 13]，为水生环境定义理论的碎片化指标（Onema1），评估取水量对水生栖息动物的影响[MIG 16]，研究鳗鱼分布及障碍物对水流的作用[JOU 12]。

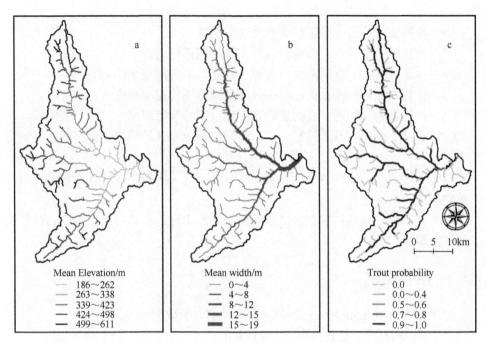

图4.7 利用RHT弧制作阿塞格斯（Azergues）流域（法国）的平均海拔专题图（a）、平均宽度专题图（b）、鲑鱼生存可能性专题图（c）

该图的彩色版本参见www.iste.co.uk/baghdadi/qgis4.zip，2020.10.23

4.4 专题分析

4.4.1 概述

本章虚构专题分析案例的唯一目的，是在实际工作框架内提出一致的方法。除了RHT和子流域，其他所有空间要素都是虚构的。

提出问题如下：

某渔业协会在一个流域观测到了路易斯安那小龙虾。此外来品种在美国大范围繁殖可能会导致本地物种的减少。为了确定该物种的空间分布，协会决定整理河流网络各战略点的观测记录，希望通过这些观测总结出与该物种分布有关的河段特征。外来物种大量侵占的区域可以通过流域所有河流的几个环境变量[斯特拉勒等级（Strahler order）和水的流速]分析确定。协会的目标是实施管理行动以抑制小龙虾的扩散，因此需要计算一组 RHT 属性。

项目实施步骤如下：

（1）网络一致性检查：网络分析之前需要检查几何、拓扑和连接性等网络一致性；

（2）线路安排：目标是组织观测站间的路线；

（3）校正网络上的点：将观测点校正到河网弧段上；

（4）网络分类：计算受路易斯安那小龙虾影响的河流 Stahler 等级；

（5）计算观测站特征：在各网络弧段上计算平均宽度和流速；

（6）计算观测点间距：目的是计算观测站间的最短距离；

（7）计算上游路径及其流域：由指定网络弧出发计算网络上游路径，并划分相关流域；

（8）下游路径：该步骤使用 Python 脚本，生成从指定网络弧到流域出口的下游路径；

（9）计算有效区域：根据路易斯安那小龙虾出现的已知地点，估计其迁移阶段的扩散情况。

4.4.2 使用数据

专题分析使用 Lambert 93/RGF93 投影后的矢量数据：

（1）rht_true.shp：理论河网（polyline）；

（2）rht_false.shp：有几何和拓扑错误的河网；

（3）sta.shp：观测站（point）；

（4）surfeau.shp：水面（polygon）；

（5）fr50bv.shp：子流域（polygon）。

4.4.3 网络一致性检查

这一步是确认网络在几何、拓扑和连通性上是否具有一致性。本节列举了网络分析前需要进行的检查，同时给出了改正各类错误的方法。

4.4.3.1 几何检查

几何检查的步骤见表 4.1。

表 4.1　几何检查的步骤

步骤	QGIS 操作
1. 安装 Geometry Checker 插件	在 QGIS 中： （1）单击 Plugins→Manage and Install Plugins… （2）在插件（Plugins）窗口，搜索 Geometry Checker； （3）勾选工具（通常已默认安装）。
2. 工具描述	Geometry Checker 是 QGIS 最主要的插件之一，可以检查并修复图层的几何关系。对于线性矢量，该插件可检查以下错误： （1）自相交：与自身相交的线段； （2）重复结点：一条线段内的重复结点； （3）线段长度：长度小于阈值的线段； （4）最小角：两条线段的夹角小于阈值。
3.打开待改正的文件	打开以下文件： rht_false.shp：有几何错误的河网。
4. 检测几何错误	在菜单栏中： 单击 Vector→Geometry Tools→Check Geometries。 在 Check Geometries 窗口中： （1）选择要输入的矢量文件：rht_false.shp。 （2）在 Geometry validity 字段处勾选选项： 　　a. Self intersections； 　　b. Duplicate nodes。 （3）在 Allowed geometry types 字段处勾选选项： Line。 （4）矢量图层另存为 rht_correction.shp。 （5）单击 Run。 Check Geometries 窗口的 Result 标签页会激活，并列出检测到的几何错误。 在 Check Geometries 窗口中： （1）单击 Export； （2）图层另存为 rht_false_errors.shp。 生成的矢量文件包含一个点图层，标记了错误及错误类型。
5. 修复错误	在 Check Geometries 窗口中的 Result 标签页内： （1）选择错误 ID：345，地图画布会随即定位到错误所在，并将其置于画布中心。 以下是自相交的示例：

97

续表

步骤	QGIS 操作
5. 修复错误	（2）单击按钮： 修正选定的错误，提示解决方案。 （3）选择选项： 将要素分割为多个单一要素。 （4）单击 Fix。 rht_correction.shp 文件会随即更新，有问题的要素会被分割生成新的多个要素，后续就需要用户人工删除错误的元素。 （1）选择合适选项修复剩余错误。 （2）修复完成后，单击 Close。 （3）查看 rht_false_errors.shp 图层： 　a. 寻找 rht_correction.shp 图层的自相交错误； 　b.（在编辑模式下）删除不必要的要素。

注：该表的彩色图参见 www.iste.co.uk/baghdadi/qgis4.zip，2020.10.23

4.4.3.2 拓扑检查

拓扑检查的步骤见表 4.2。

表 4.2 拓扑检查的步骤

步骤	QGIS 操作
1. 安装 Topology Checker 插件	在菜单栏中： 单击 Plugins→Manage and Install Plugins… 在 Plugins 窗口中，搜索 Topology Checker； 勾选工具（通常已默认安装）
2. GIS 中的拓扑概念	拓扑检查器可通过测试相连或相邻矢量要素间的不同空间关系规则分析矢量。 拓扑错误可根据矢量类型（点、线、多边形）分为不同的类别。例如对于线性要素，最常见的几种错误为： （1）自相交，线与自身相交或叠加； （2）重叠，线与其他线在同一图层内重叠； （3）悬挂，线的末结点不与其他任意一条线相连； （4）伪结点，与一条线两个端点相交的其他线数量均小于 2。 拓扑错误会破坏矢量之间的连接，为进行网络分析，必须对其进行修复。
3. 打开矢量文件	打开之前创建的文件： rht_correction.shp：几何修复后的河网。
4. 搜索重复要素	在菜单栏中： （1）单击 Vector→Topology Checker→Topology Checker； （2）或者单击 。 在 Topology Checker Panel 中： 单击 Configure 图标 。 在 Topology Rule Settings 中： 输入以下规则： rht_correction must not have duplicates

续表

步骤	QGIS 操作
4. 搜索重复要素	a. 单击 Add Rule； b. 单击 OK。 在 Topology Checker Panel 中： （1）单击 Validate all 图标✓； （2）编辑 rht_correction 图层； （3）删除重复要素； （4）重新检测。
5. 搜索悬挂线	按同样的方式指定以下规则： `rht_correction must not have dangles` 注：河网并不会完全遵守这种拓扑规则，如水源和出口对应的结点不与其他线相连。 本例中预计不会出现待改正的错误。
6. 搜索伪结点	检查如下规则： `rht_correction must not have pseudos` 本例中预计不会有任何错误改正。

注：该表的彩色图参见 www.iste.co.uk/baghdadi/qgis4.zip，2020.10.23

4.4.3.3 连接检查

子图检测的步骤见表 4.3。

表 4.3 子图检测的步骤

步骤	QGIS 操作
1. 安装 Disconnected Islands 插件	在菜单栏中： 单击 Plugins→Manage and Install Plugins… 在 Plugins 中： （1）搜索 Disconnected Islands； （2）单击 Install plugin。
2. 工具描述	该工具用于检查无向网络（或图）的连接性，它给每个子图（或连接组件）指定标识符，以此可以修复丢失的链路。 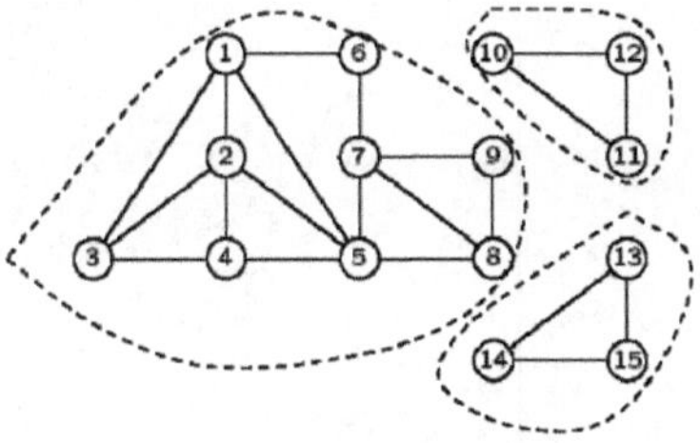 （图示：包含编号结点 1–15 的网络子图示意）
3. 打开矢量文件	打开上一步创建的文件： rht_correction.shp：几何修正和拓扑修正后的河网。

续表

步骤	QGIS 操作
4. 子图标识	在菜单栏中： （1）单击 Vector→Disconnected Islands→Check for Disconnected Islands； （2）或者单击 ⚙。 在 Disconnected Islands 中： （1）选择 rht_correction 图层； （2）修改限差（如果拓扑结构不完整）； （3）为子图标识指定属性名称，例如： 属性名称：id_graph； （4）单击 OK。
5. 分析	该河网一共包含 8 个子图，其中一部分在本例中不需要考虑。 子图包含的一个支流（单个矢量要素）有错误（id_graph 4 到 8），应该删除。 在图层面板（Layers Panel）中： （1）选择 rht_correction 图层； （2）单击 ▦ 打开 Field Calculator（字段计算器）。 在 Field Calculator 中： （1）勾选 Create a new field。 （2）设置如下： 　　a. Output field name：Nb_Lines； 　　b. Output field type：whole number（integer）。 （3）输入以下表达式： count("id_graph"，"id_graph") （4）单击 OK。 （5）保存更改。 （6）单击 ✎。 在 Select by expression 中： （1）输入以下表达式： "Nb_Lines"=1 （2）单击 Select； （3）删除已选择的要素。 RHT 网络的子图

注：该表的彩色图参见 www.iste.co.uk/baghdadi/qgis4.zip，2020.10.23

4.4.4 路线安排

在 GIS 中，网络分析广泛用于计算两点间最短路径。作为本研究的一部分，考虑新建一个用于存储不同观测点观测数据的字段，目的是安排站点 no.24 与 no.15、no.2 与 no.14、no.3 与 no.12 的路线。

道路行程计算的步骤见表 4.4。

表 4.4 道路行程计算的步骤

步骤	QGIS 操作
1. 打开矢量文件	打开以下文件： （1）rht_true.shp：理论河网； （2）sta.shp：观测站点。
2. 安装 Online Routing Mapper 插件	在菜单栏中： 单击 Plugins→Manage and Install Plugins… 在 Plugins 中： （1）搜索 Online Routing Mapper。 （2）单击 Install plugin。 （3）单击以启动插件： 　　a. Plugins→Online Routing Mapper→Online Routing Mapper； 　　b. 或者单击 ![icon]。
3. 工具描述	用于计算两点间的最短路径。然而，计算结果可能因数据不同而有很大差别，比如，如果道路不包括方向信息（无方向或双向），分析就会有偏差。 地图服务如 Google Maps、BingMap 等，不仅可以根据相对地点（坐标、地名和地址）定位，还支持计算城市间的路线。应用可以使用这些服务而不需要工作站数据。计算结果可以使用多种格式输出，包括 Shapefile。 （1）选择地图服务； （2）输入起始点坐标； （3）输入终止点坐标。

续表

步骤	QGIS 操作
4. 路线计算	在 Online Routing Mapper 中： （1）设置如下： 　　a. Online Service： Google Direction API。 　　b. Start Location： 　　单击绿色的 Choose； 　　单击 station no. 24。 　　c. Stop Location： 　　单击红色的 Choose； 　　单击 station no. 15。 （2）单击 Run。 （3）按照相同方法计算以下站点间的路线： 　　a. no. 2 和 no. 14； 　　b. no. 3 和 no. 12。 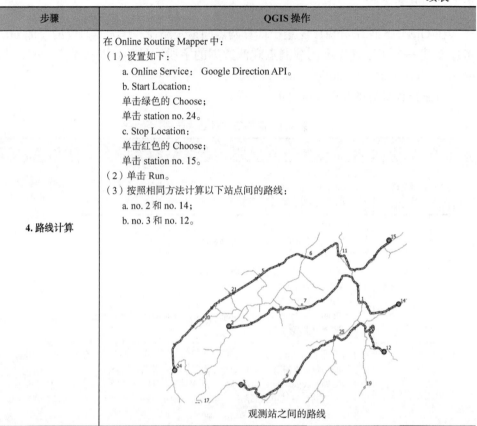 观测站之间的路线

注：该表的彩色图参见 www.iste.co.uk/baghdadi/qgis4.zip，2020.10.23

4.4.5　将观测点校正到网络上

这一步的目的是将观测点校正（捕捉）到河网弧段上，一方面可以在相应的弧段上反映现有信息，另一方面可利用之前计算的网络环境属性。这种处理需要使用 Python 脚本。

将观测点校正到网格上的步骤见表 4.5。

表 4.5　将观测点校正到网络上的步骤

步骤	QGIS 操作
1. 打开矢量文件	（1）打开以下文件： 　　a. rht_true.shp：理论河网； 　　b. sta.shp：观测站。 （2）检查图层面板，图层顺序显示如下：

续表

步骤	QGIS 操作
1. 打开矢量文件	Layers Panel 中显示：sta、rht_true
2. 打开 Python 控制台	在菜单栏中： 单击 Plugins→Python Console。 Python 控制台显示在屏幕底端： 在 Python 控制台中： 单击 Show Editor 图标。 脚本编辑器中可以启动一系列指令执行一些复杂的处理。脚本运行时，控制台会向开发者提供一些信息、结果和错误。
3. 打开脚本	在 Python 控制台中： （1）单击 Open Script 图标； （2）打开脚本：snap_points.py。
4. 脚本操作	脚本会为 sta.shp 图层的每个点在 rht_true.shp 图层中寻找距离最近的弧段。结果会输出一个包含校正点到河网上的临时矢量图层，并计算从原始点到修正点之间的距离。
5. 运行脚本	在 Python 控制台中： 单击 Run script 图标。 脚本将创建一个新的临时点图层 ptsnap_v1，该图层的点校正在河网上。属性表中的 dist 字段记录了捕捉的距离。 结果另存为 ptsnap_v1.shp。

注：该表的彩色图参见 www.iste.co.uk/baghdadi/qgis4.zip，2020.10.23

4.4.6 网络分类

渔业协会希望知晓受路易斯安那小龙虾影响的河流及其 Strahler 等级。QGIS 提供了计算 Strahler 等级的插件（表 4.6）。

表 4.6 计算 Strahler 等级的步骤

步骤	QGIS 操作
1. 安装 Strahler 插件	在菜单栏中： 单击 Plugins→Manage and Install Plugins… 在 Plugins 中： （1）搜索 Strahler； （2）单击 Install plugin。
2. 工具描述	Strahler 插件可以根据网络拓扑（无须数字地形模型）计算 Strahler 等级。网络应该分成段，例如，T 形交叉应分为三段（而不是两段），同理，X 形交叉必须分为四段等。插件计算每个段的 Strahler 等级，并将其添加到属性表的新字段中。 注：该工具不支持多边形要素。
3. 打开矢量文件	打开以下文件： rht_true.shp 河网。
4. 示例	（1）选择 rht_true.shp 图层网络中代表出口的线段（字段"GID"=3306），该线段与网络其他部分仅通过单个结点相连； （2）单击 Vector→Strahler→Strahler 运行插件； （3）或单击 ⚡。 在 Strahler 中： （1）为存储 Strahler 等级的字段指定新的属性名，如 Strahler； （2）单击 OK； （3）打开属性表； （4）检查新字段是否创建，且是否具有属性值。 Strahler 河流等级

注：该表的彩色图参见 www.iste.co.uk/baghdadi/qgis4.zip，2020.10.23

4.4.7 观测站描述

假设路易斯安那小龙虾的迁徙和存活取决于平均流速。平均流速可根据航道宽度、高度和水流计算如下：

$$V = Q/S$$

其中，V 为平均速度，m/s；Q 为平均流量，m^3/s；S 为横截面积，m^2。

$$S = H \times L$$

其中，H 为平均高度，m；L 为平均宽度，m。

这些参数之前已在 RHT 上完成计算。首先，本章提出一种用水面矢量图层（surfeau.shp）函数估计河段平均宽度的方法，然后考虑有或没有研究物种数据的情况计算观测点（ptsnap_v1.shp）流速。

4.4.7.1 估算水面平均宽度

计算水面平均宽度的要点包括创建垂直（横断面）和沿河流（纵断面）规则分布（这里以 5m 为界）的河段，河段长度取平均值，可以在 surfeau.shp 矢量图层网络中选定三个位置进行估算（表 4.7）。

表 4.7 估算水面的平均宽度的步骤

步骤	QGIS 操作
1. 打开矢量文件	打开以下文件： a. rht_true：河网； b. surfeau.shp：水面； c. ptsnap_v1.shp：校正在网络上的站点。
2. 安装 Spatial Query 插件	在菜单栏中： 单击 Plugins→Manage and Install Plugins… 在 Plugins 中： （1）搜索 Spatial Query 插件； （2）勾选工具。
3. 选择段	在菜单栏中： （1）单击 Vector→Spatial Query→Spatial Query； （2）或单击 。 在 Spatial Query 中： （1）从 rht_true 中选择要素； （2）选择空间规则：Intersects； （3）选择 surfeau 参考要素； （4）结果用于创建新的选择； （5）单击 Apply。

步骤	QGIS 操作
4. 安装 Station Lines 插件	在菜单栏中： 单击 Plugins→Manage and Install Plugins… 在 Plugins 中： （1）搜索 Station Lines； （2）安装插件。
5. 生成横断面	在菜单栏中： （1）单击 Plugins→Station Lines→Station Lines； （2）或单击 ✕。 在 Station Lines 中： （1）选择 rht_true 图层。 （2）勾选选项 Use only selected features。 （3）在 Stations choices 中： 　　a. 勾选参数 Distance； 　　b. 指定值为 5（m）。 （4）在 Side 中： 选择 Both。 （5）在 Length 中： 指定值为 500（m）。 （6）在 Angle 中： 指定值为 90（°）。 （7）单击 OK。 屏幕随即显示临时的矢量图层 Station Lines，包含以下 6 个属性： （1）FID：网络要素 ID； （2）SL_ID：横断面 ID； （3）SL_SEGMENT：线性要素段 ID； （4）SL_ANGLE：横截面角； （5）SL_LENGTH：横截面长度； （6）SL_ORIENT：横截面方向。
6. 横断面与水面求交	在菜单栏中： 单击 Processing→Toolbox。 在 Processing Toolbox 中： 双击 QGIS geoalgorithms→Vector overlay tools→Intersection。 在 Intersection 窗口内，设置如下： （1）Input layer：Station Lines； （2）Intersect layer：surfeau； （3）创建 temporary layer； （4）单击 Run。 屏幕上显示临时图层，名称为 Intersection。

续表

步骤	QGIS 操作
7. 更新横截面长度	在 Layers Panel 中： （1）选择 Intersection 图层； （2）单击 ![] 打开 Field Calculator。 在 Field Calculator 中： （1）更新 SL_LENGTH 字段； （2）输入以下表达式： `$length` （3）单击 OK； （4）保存编辑。
8. 计算水面平均宽度	在 Processing Toolbox 中： 双击 QGIS geoalgorithms→Vector table tools→Statistics by categories。 在 Statistics by categories 内，设置以下内容： （1）Input vector layer：Intersection； （2）Field to calculate statistics on：SL_LENGTH； （3）Field with categories：TOPONYME； （4）另存为临时文件； （5）单击 Run。 输出结果表格按行显示三个研究水面根据 SL_LENGTH 字段统计的数据，mean 字段表示水面平均宽度。 | category | min | max | mean | stddev | sum | count | |---|---|---|---|---|---|---| | surface01 | 4.59261 | 152.47799 | 95.2988569512 | 34.1508756048 | 15629.01254 | 164 | | surface02 | 5.5167 | 509.08861 | 280.958274582 | 103.645434053 | 131207.51423 | 467 | | surface03 | 0.18495 | 71.36555 | 44.2761967234 | 12.2335304064 | 10404.90623 | 235 |

注：该表的彩色图参见 www.iste.co.uk/baghdadi/qgis4.zip，2020.10.23

4.4.7.2 流速估算

湿润宽度参数可用水力几何模型计算。该模型根据水流比率[SAU 06]估计每个网络段的水面高度和湿润宽度[MIG 16]，并进一步估算流速（表 4.8）。

表 4.8 流速估算的步骤

步骤	QGIS 操作
1. 变量预计算	理论河网有多个变量可用于计算流速： （1）mod：平均流量（m³/s）； （2）haut：平均高度（m）； （3）larg：平均宽度（m）。

续表

步骤	QGIS 操作

2. 流速计算	在 Layers Panel 中：
	（1）选择 rht_true 图层；
	（2）单击 ▦ 打开 Field Calculator。
	在 Field Calculator 中：
	（1）创建新字段：
	    a. Output field name：speed；
	    b. Output field type：Decimal number（real）；
	    c. Ouput field length：10，Precision: 2。
	（2）输入表达式：
	"mod"/("haut" * "larg")
	（3）单击 OK。
	（4）保存编辑。

3. 空间合并	在 Processing Toolbox 内： 双击 QGIS geoalgorithms→Vector general tools→Join attributes by location。 在 Join attributes by location 窗口内，按如下所示设置： （1）Target vector layer：ptsnap_v1； （2）Join vector layer：rht_true； （3）Geometric predicate：intersects； （4）Attribute summary：Take attributes of the first located feature； （5）Joined table：Only keep matching records； （6）Joined layer：ptsnap_v2.shp； （7）单击 Run。 屏幕上显示新图层 ptsnap_v2.shp。
4. 分析	分析 ptsnap_v2.shp 图层的属性表，粗略推断路易斯安那小龙虾集中于流速低于 0.5m/s 的区域。 （图略）

注：该表的彩色图参见 www.iste.co.uk/baghdadi/qgis4.zip，2020.10.23

4.4.8 计算观测点间的距离

本节主要描述通过网络计算观测点间的距离。QGIS 提供了计算两点间最短距离的插件，用户也可以根据 QGIS API 编写 Python 脚本将多个点对的计算系统化。

4.4.8.1 计算两点间距离

现在的目标是根据 RHT 计算 no.24 和 no.25 观测站之间的最短距离（表 4.9）。

表 4.9 计算两站点间距离的步骤

步骤	QGIS 操作
1. 安装 Road graph 插件	在菜单栏中： 单击 Plugins→Manage and Install Plugins… 在 Plugins 中： （1）搜索 Road graph 插件； （2）勾选该工具。
2. 打开矢量文件	打开以下两个文件： （1）rht_true.shp：河网； （2）sta.shp：站点。
3. 配置插件	执行操作前需配置插件。 在菜单栏中： 单击 Vector→Road Graph→Settings… 屏幕上随即显示 Settings 窗口，可在其中配置 transport 图层、图方向和计算中考虑到的权重类型（长度或时间）。 在 Settings 中： （1）在 Transportation layer 中： 选择 rht_true 图层； （2）在 Default settings 中： 选择 a Two-way direction； （3）单击 OK。
4. 计算两站间的最短路径	在 Road Graph（称为 Shortest path）窗口，通常位于 Layers Panel 左下侧： （1）单击图标 ✚ 输入起始点坐标，画布上会显示站点 no.24； （2）按相同方式输入终止点坐标（站点 no.25）； （3）Criterion 选择 Length； （4）单击 Calculate。

续表

步骤	QGIS 操作
4. 计算两站间的最短路径	两站间的最短路径随即高亮显示，其长度约为 39km。 注：该工具还可以根据行驶时间判断最短路径权重，该准则广泛应用于路段具有不同限速的路网中。水文中的图通常是有层次的，选择何种准则不影响最短路径的几何。利用每段弧的平均流速，可以计算出水在网络中两点间的传递速度。
5. 记录结果	在 Road Graph 中： 单击 Export。 在 Export feature 中： （1）选择 a New temporary layer； （2）单击 OK。 Layers Panel 上随即显示一个临时图层，名称为 shortest path。 在 Layers Panel 中： （1）右键单击 shortest path 图层； （2）选择 Save as…； （3）图层另存为 path_sta_24_25.shp。

注：该表的彩色图参见 www.iste.co.uk/baghdadi/qgis4.zip，2020.10.23

4.4.8.2 系统地计算距离

可通过 QGIS API 系统地计算网络中观测站间的距离。这里给出的 Python 脚本列举了所有可能的站点对，并计算每对站点最短的距离（表 4.10）。

表 4.10 所有观测站间距离计算的步骤

步骤	QGIS 操作
1. 打开矢量图层	打开以下文件： （1）rht_true.shp：理论河网； （2）sta.shp：观测站。 确认 Layers Panel 中图层显示顺序与下图一致： 
2. 打开脚本	在菜单栏中： 单击 Plugins→Python Console。 在 Python 中： 单击 Show editor 图标。 在 Python 中： （1）单击 Open script 图标； （2）打开脚本：calc_distance_fct.py。

续表

步骤	QGIS 操作
3. 操作脚本	首先，脚本在内存中构建了站点间所有可能的关联。每个关联包括两站点的标识及其坐标。然后，用 QGIS API 提供的网络分析模块根据河网计算最短路径。计算的距离会显示在控制台上，同时计算路线会在画布上用红色高亮显示。
4. 运行脚本	在 Python 中： 单击 Run scrip 图标 ▶。 Python 脚本在控制台中显示河网中每对站点间的最短距离，最短路径在地图画布中以红色高亮显示。

注：该表的彩色图参见 www.iste.co.uk/baghdadi/qgis4.zip，2020.10.23

4.4.9 上游路径及流域计算

QGIS 提供了插件，可计算从指定弧段出发如何沿上游流经网络。结果可用来识别子流域的相交情况，一旦完成合并这些子流域，就可以划定整个供水区域。根据每个观测点对应的流域，可以推断和分析地表类型变量（土地覆盖、流量等）。

上游路径计算的步骤见表 4.11。

表 4.11　上游路径计算的步骤

步骤	QGIS 操作
1. 打开矢量文件	打开以下文件： （1）rht_true.shp：河网； （2）fr50bv.shp：流域； （3）ptsnap_v1.shp：校正到网络上的站点。
2. 安装 Flow Trace 插件	在菜单栏中： 单击 Plugins→Manage and Install Plugins… 在 Plugins 中： （1）搜索 Flow Trace； （2）安装工具。
3. 指定弧段的上游路径	目标是计算从 no.6 观测站出发流经网络的上游路径，推断相应流域范围的边界。 （1）选择 rht_true 网络弧段（"GID"=3764），该弧段在 ptsnap_v1 图层中穿过 no.6 站。 （2）单击 Flow Trace 插件图标 。 Flow Trace 工具会选择指定弧段的所有上游弧段。
4. 选择流域	在菜单栏中： （1）单击 Vector→Spatial Query→Spatial Query； （2）或单击 。 在 Spatial Query 中： （1）从 fr50bv 中选择源要素； （2）几何谓词：Intersects； （3）参考要素：rht_true； （4）勾选 Selected geometries； （5）结果操作：Create new selection； （6）单击 Apply。 在菜单栏中： 单击 Processing→Toolbox。 在 Processing Toolbox 中： 双击 QGIS geoalgorithms→Vector geometry tools→Dissolve。 在 Dissolve 窗口内，参数设置如下： （1）输入图层：fr50bv； （2）勾选 Dissolve all； （3）创建临时图层； （4）单击 Run。 屏幕上显示新图层，其名称为 Dissolved。

续表

步骤	QGIS 操作
4.选择流域	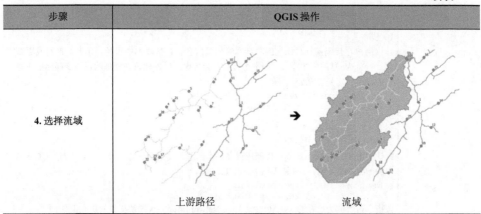 上游路径　　　　　流域

注：该表的彩色图参见 www.iste.co.uk/baghdadi/qgis4.zip，2020.10.23。

4.4.10 下游路径

尽管 QGIS 提供了计算流经网络上游路径的插件，但目前还没有计算水流下游路径的插件。比较有效的方法之一是利用 QGIS API 结合网络分析库模块开发 Python 脚本。除了描述算法外，本节的目标还包括编写脚本处理没有现成接口可用的情况。

下游路径计算的步骤见表 4.12。

表 4.12　下游路径计算的步骤

步骤	QGIS 操作
1.打开矢量文件	（1）打开以下文件： rht_true.shp：河网。 （2）选择 rht_true 网中的弧段（"GID"=3764），该弧段穿过 ptsnap_v1 图层中的 no.6 站点。
2.打开脚本	在菜单栏中： 单击 Plugins→Python Console。 在 Python 中： 单击 Show editor 图标 ； 在 Python 中： （1）单击 Open script 图标 ； （2）打开脚本：parcoursAval.py。
3.脚本描述	为便于充分理解该工具的功能和使用的 Python 函数，本节详细地解释了脚本内容。代码基本遵循 QGIS Developer Cookbook 的说明，可在网站[①]找到。

---

① https://docs.qgis.org/testing/en/docs/pyqgis_developer_cookbook/network_analysis.html，2020.10.25。

续表

步骤	QGIS 操作

3. 脚本描述	1）脚本头
	建议用户在代码前几行添加编写脚本的相关信息，包括脚本的目的、作者、创建或更新时间。行首为#号的为注释行，脚本运行时不会考虑。另外建议在处理的每一步都标记注释，好的脚本一定是有充分注释的。
	`# Script objectives: ...`
	`# QGIS version <= 2.16`
	`# Author: ...1`
	`# Date of creation: ...`
	2）导入 QGIS 网络分析模块
	默认情况下，Python 脚本可以调用许多基本函数。网络分析需要导入特定工具。QGIS API 中的 Network Analysis 模块提供了这些工具。
	`# Network analysis module import`
	`from qgis.networkanalysis import *`
	该指令可解读为：在 QGIS API 中，导入 Network Analysis 模块提供的所有工具。
	3）加载河网图层
	加载河网矢量文件：
	`# Get the active vector layer in Layers Panel`
	`layer=iface.activeLayer()`
	同时，为该图层和首选弧段指定投影系统。
	`# Get the CRS(projection)`
	`crs=layer.crs()`
	`# Get the first selected feature`
	`plsel=layer.selectedFeatures()[0]`
	4）构建有向图
	将矢量图层转换为有向图。接下来的所有操作都针对图而不是矢量进行。
	QGIS 中网络转换为图的函数是 QGSLineVectorLayerDirector，需要输入 6 个参数：
	（1）vl：用于构建图的矢量图层；
	（2）directionFieldId：属性表字段的索引，存储了方向信息（若无方向信息，则其值为-1）；
	（3）directDirectionValue：表示正方向的字段值（从第一条线的点到最后一条线的点）；
	（4）reverseDirectionValue：表示反方向的字段值（从最后一条线的点到第一条线的点）；
	（5）bothDirectionValue：表示两方向的字段值（沿双向移动）；
	（6）defaultDirection：如果未指定方向字段值，则为默认方向（1=正方向，2=反方向，3=双向）；
	rht_true 图层不包含表示方向的字段。然而，该信息不是必要的，因为数字化方向是与水流方向相同的。由于这里的目的是顺着流向对网络进行转化，因此选择正方向。
	`# Building directed graph`
	`director=QgsLineVectorLayerDirector(layer,-1,' ',' ',' ',1)`
	接下来需要想办法计算边缘特征，尤其是支流的长度。将该方法添加到有向图中。
	`# calculation of edges properties`
	`properter=QgsDistanceArcProperter()`
	`director.addProperter(properter)`
	现在可以通过类构造函数（构建器）创建图对象，该操作需要多个参数，特别是坐标参考系、拓扑容差等。
	这里只指定投影系统（坐标参考系），其他参数使用默认值。
	`# Class constructor`
	`builder=QgsGraphBuilder(crs)`
	这里希望通过指定点沿流向遍历网络，因此需要通过指定坐标（被选弧段的终点）添加图的顶点。
	`# Adding a start point to the graph`
	`pStart=plsel.geometry().asPolyline()[0]`

续表

步骤	QGIS 操作

3. 脚本描述	`tiedPoints=director.makeGraph(builder, [pStart])`
	剩下的就是构建图对象，构建时长取决于输入矢量的复杂性。分析只针对图进行：
	`# Building the graph`
	`graph=builder.graph()`
	5）图形加权
	图分析用于识别连接顶点和寻找最短路径。它基于构建的有向加权（如根据边长定权）图，也称为"最短路径树"，其特性如下：
	（1）只有一个顶点没有入边，即树的根；
	（2）所有其他顶点都只有一条入边；
	（3）如果可从顶点 A 到达顶点 B，则 A 到 B 的路径在图上是唯一且最佳的（最短的）。
	QGIS API 提供了两种通过 QgsGraphAnalyzer 类计算最短路径树的方法：shortestTree( )和 dijkstra( )。
	现在可以测试 shortestTree( )函数，需指定 3 个参数：
	（1）source：输入图（这里指图变量）；
	（2）startVertexIdx：树的起始点索引（树的根）；
	（3）criterionNum：使用边缘特征的数量（从 0 开始）。
	`# Building of shortest paths tree`
	`startId=graph.findVertex(tiedPoints[0])`
	`tree=QgsGraphAnalyzer.shortestTree(graph, startId, 0)`
	6）图迭代
	读取图需要检索边的坐标（起始顶点和终止顶点），并将它们存储在新的矢量图层（vl）中。
	首先创建临时矢量图层：
	`# Creation of output vector (temporary file)`
	`vl=QgsVectorLayer("LineString?crs="+crs.toWkt(),"temp_line","memory")`
	`pr=vl.dataProvider()`
	接下来循环遍历图：
	`# Graph reading`
	`i=0`
	`while (i < tree.arcCount()):`
	`fet=QgsFeature()`
	`# Start point`
	`lineStart=tree.vertex(tree.arc(i).inVertex()).point()`
	`# End point`
	`lineEnd=tree.vertex(tree.arc(i).outVertex()).point()`
	`# Creation of geometry`
	`fet.setGeometry(QgsGeometry.fromPolyline([lineStart,lineEnd]))`
	`pr.addFeatures([fet])`
	`vl.updateExtents()`
	`i=i + 1`
	7）结果显示
	脚本的最后一步是将临时矢量图层显示在 QGIS 地图画布上：
	`# Display the vector file in the QGIS map canvas`
	`QgsMapLayerRegistry.instance().addMapLayer(vl)`

4. 运行脚本	在 Python 中： 单击 Script running 图标 ▶。

续表

步骤	QGIS 操作
4. 运行脚本	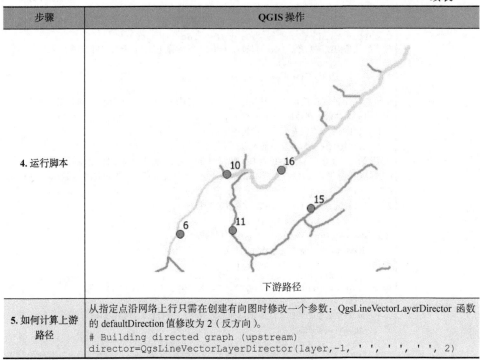 下游路径

5. 如何计算上游路径	从指定点沿网络上行只需在创建有向图时修改一个参数：QgsLineVectorLayerDirector 函数的 defaultDirection 值修改为 2（反方向）。
	`# Building directed graph (upstream)`
	`director=QgsLineVectorLayerDirector(layer,-1,' ',' ',' ',2)`

注：该表的彩色图参见 www.iste.co.uk/baghdadi/qgis4.zip，2020.10.23

4.4.11 计算有效区域

利用已知的路易斯安那小龙虾生存区域信息，可以计算其迁徙阶段的扩散传播情况。小龙虾可以迁徙 17km。将这些有效区域与流速进行比较（第 4.4.7.2 节），可以识别可能受到物种扩散影响的网络弧段（表 4.13）。

表 4.13　划定路易斯安那小龙虾实际扩散区域的步骤

步骤	QGIS 操作
1. 简介	结点 A 的有效区域是图的一个子集，区域内任意一点到结点 A 的路径代价小于给定值（例如指定长度）。 例如：一只小龙虾最多可以沿着河道游 17km（沿上游或下游），网络中哪些部分是可以到达的？计算的有效区域即为此问题的答案。
2. 打开矢量文件	（1）打开以下文件： 　　a. rht_true：河网； 　　b. sta.shp：观测站。 （2）检查 Layers Panel，图层顺序如下：

续表

步骤	QGIS 操作
2. 打开矢量文件	Layers Panel ☒ ○ sta ☒ — rht_true
3. 处理描述	现在的目标是寻找可能受路易斯安那小龙虾入侵影响的网络弧段。提供的 Python 脚本需要两个输入矢量文件：观测站和河网。 观测站的矢量图层需要包含以下两个字段： （1）id：观测站的编号（string）； （2）distance：研究物种的最大（迁徙）距离（此处为 17000m）。

4. 新建最大距离字段	新建距离字段并赋值
	在 Layers Panel 中：
	（1）选择 sta 图层；
	（2）单击 打开 Field Calculator。
	在 Field Calculator 中：
	（1）按如下要求新建字段：
	    a. Ouput field name：distance；
	    b. Output field type：whole number（integer）；
	    c. Output field length：10。
	（2）输入以下表达式：
	17000
	（3）单击 OK。
	（4）保存编辑。

5. 选择观测站	选择已知有研究物种生存的观测站。 在 Layers Panel 中： 选择 sta 图层。 在菜单栏中： 单击 Select features using an expression 图标 。 在 Select by expression-sta 中： （1）输入以下表达式： "Presence"=1 （2）单击 Select。
6. 打开 Python 脚本	parcoursArea.py 脚本可搜寻所有方向（上游和下游）上，距离小于 sta.shp 图层 distance 字段指定距离的弧段。脚本运行后返回临时矢量图层 temp_line，包含了可到达的弧段。属性表包含相关站点编号和弧段距离两个字段。 在 Python 中： （1）打开脚本：parcoursArea.py； （2）运行脚本。
7. 速度和最大距离参数	本例中，路易斯安那小龙虾潜在的扩散区域由物种可忍受的河流平均流速（<0.5m/s）和扩散距离（17000m）决定。 在 Layers Panel 中：

续表

步骤	QGIS 操作
7. 速度和最大距离参数	选择 rht_true 图层。 在菜单栏中： 单击 Select features using an expression 图标 。 在 Select by expression-rht_true 中： （1）输入以下表达式： "vitesse"<0.5 （2）单击 Select。 在菜单栏中： （1）单击 Vector→Spatial Query→Spatial Query； （2）或单击 。 在 Spatial Query 中： （1）Select source features from：temp_line； （2）Where the feature：Intersects； （3）Reference features of rht_true； （4）勾选 Selected geometries； （5）结果用于 Create new selection； （6）单击 Apply； （7）保存 temp_line 图层中的已选要素到新文件中，命名为 expansion_area.shp。 Distance<17km　　　　　Speed<0.5m/s　　　　　交集
8. 划定实际扩散区域	结果表现为整个网络的多个子图。理论上，由于两个子图间的水域流速大于 0.5m/s，小龙虾不能从一个子图扩散到另一个。因此有必要识别这些相互连接的区域，只保留受物种入侵影响的部分。 在菜单栏中： （1）单击 Vector→Disconnected Islands→Check for Disconnected Islands； （2）或单击 。 在 Disconnected Islands 中： （1）选择 expansion_area 图层。 （2）指定属性名以存储子图标识符，例如： 属性名：id_graphe。 （3）单击 OK。 在 Processing Toolbox 中： 双击 QGIS geoalgorithms→Vector geometry tools→Dissolve。 在 Dissolve 窗口内，按如下所示设置： （1）输入图层：expansion_area； （2）取消 Dissolve all 选项； （3）唯一 ID 字段：id_graphe；

续表

步骤	QGIS 操作
8. 划定实际扩散区域	（4）另存结果为 real_expansion_area.shp； （5）单击 Run。 编辑 real_expansion_area.shp 图层，删除 id_graphe 字段值等于–1 的要素（expansion_area.shp 图层内要素重叠导致的拓扑错误）。 通过将观测到小龙虾的监测站和 real_expansion_area 网络相比较，可以发现对应流域上游部分的扩散区域。 River — RHT network Louisiana Crayfish Field observations ● presence ● absence Expansion area — 0 — 1 — 2

注：该表的彩色图参见 www.iste.co.uk/baghdadi/qgis4.zip，2020.10.23

4.5　参考文献

[BEA 10] BEAUGUITTE L., Graphes, réseaux, réseaux sociaux: vocabulaire et notation, Version 1, Groupe f.m.r. (flux, matrices, réseaux), CNRS, UMR Géographie-cités, 2010.

[DIJ 59] DIJKSTRA E.W.,"A note on two problems in connexion with graph", Numerische Mathematik, vol. 1, no. 1, pp. 269-271, 1959.

[DUP 13] DUPAS R., CURIE F., GASCUEL-ODOUX C. et al.,"Assessing N emissions in surface water at the national level: Comparison of country-wide vs. regionalized models", Science of the Total Environment, vol. 443, pp. 152-162, 2013.

[JOU 12] JOUANIN C., BRIAND C., BEAULATON L. et al., Eel Density Analysis (EDA2.x): a statistic model to assess European eel (Anguilla Anguilla)escapement in a river network, Irstea Edition, available at: https://irsteadoc.irstea.fr/cemoa/PUB00036398, 2012.

[KER 13] KERR T.,"The contribution of snowmelt to the rivers of the South Island, New Zealand", Journal of Hydrology, vol. 52, no. 2, p. 61, 2013.

[MIG 16] MIGUEL C., LAMOUROUX N., PELLA H. et al.,"Altération d'habitat hydraulique à l'échelle des bassins versants: impacts des prélèvements en nappe du bassin Seine-Normandie",

La Houille Blanche, vol. 3, pp. 65-74, 2016.

[OBE 01] OBERDORFF T., PONT D., HUGUENY B. et al.,"A probabilistic model characterizing fish assemblages of French rivers: a framework for environmental assessment", Freshwater Biology, vol. 46, no. 3, pp. 399-415, 2001.

[PEL 12] PELLA H., LEJOT J., LAMOUROUX N. et al.,"Le réseau hydrographique théorique (RHT)français et ses attributs environnementaux", Géomorphologie: relief, processus, environnement, vol. 18, no. 3, pp. 317-336, 2012.

[SAU 06] SAUQUET E.,"Mapping mean annual river discharges: geostatistical developments for incorporating river network dependencies", Journal of Hydrology, vol. 331, no. 1, pp. 300-314, 2006.

[SNE 02] SNELDER T.H., BIGGS B.J.,"Multiscale river environment classification for water resources management", JAWRA Journal of the American Water Resources Association, vol. 38, no. 5, pp. 1225-1239, 2002.

5 应用伪凸面要素组成的二维多边形网格表示城市及城市周边地区的排水网络

Pedro Sanzana, Sergio Villaroel, Isabelle Braud, Nancy Hitschfeld, Jorge Gironas, Flora Branger, Fabrice Rodriguez, Ximena Vargas, Tomas Gomez

5.1 背景

5.1.1 目标

人口增长和经济发展促使城市化加速以及农村地区转向城市景观，同时也导致了一些水资源管理方面的问题[XIA 07]。城市化过程中的主要问题，包括洪峰流量增加[SMI 01]、洪涝区域的建筑增多、渗透和地下水补给减少[WMO 08]、基流和水文状况变化[MEJ 14]，以及城市区域污染增加造成水质下降[LAF 06]。为了以可持续发展的方式管理这些区域，需要借助地理信息系统（GIS）工具描述城市和城市周边地区的实际状况。目前，GIS 工具能够描绘中到大范围（大于 $10km^2$）流域，并能够提取排水网络。另外，对于由小型地块要素（$1\sim100hm^2$）拼成的城市及城市周边地区，现有工具还无法正确表示景观要素间的水文连通性。

目前，针对小型城市流域地貌特征提取的研究还不多[ROD 13；JAN 13]。获取流域空间表达的一种方法是利用数字地形模型（DTM）[GIR 10；PAS 10；SAN 16；ZEC 94]，通过规则格网（grid）表示地形。然而，DTM 不会保留一些城市小型要素（如车道、人行道、储水池）或沟渠的信息，因为这些城市小型要素的大小通常小于 DTM 格网大小。另一种方法是基于三角形的地形表达，即不规则三角网（TIN）。三角网可以反映地形的快速变化，也可以合并人工要素[BOC 12]。但是，在地形不平坦地区以及在表示城市周边区域特征和小块要素时，工程区域内的要素数量会极大地增加。此外，在 TIN 中也没有考虑构成水文模型基础的景观单元

（如田野、树篱、沟渠）。还有一种基于不规则多边形的景观表示方法，如用于农业景观的 Geo-MHYDAS 工具[LAG 10]，以及用于城市周边区域的 Geo-PUMMA 工具[SAN 17]。使用这种格网表示城市及城市周边区域时需要格网的质量更好，也就是说要素应当符合一些几何上的准则，保证水文要素间有良好的连接性，从而准确地表示水道。这要求要素的重心在多边形内部，要素为凸面或伪凸面（pseudo-convex）要素。另外，狭长的凸面要素（如道路）也可能造成问题，因为它们会阻碍水流[JAN 11]。本章假设由伪规则要素（伪凸面或伪方形）构成的不规则/异构格网是一种良好的提取水文建模排水网络的格网。如果效果不佳，说明要素形状没有选好。

本章介绍在 QGIS 中实现 GEO-PUMMA 工具箱插件[SAN 17]。该插件可以对矢量格式的面要素进行三角剖分，从而得到由一系列异构多边形组成的网格（mesh）分割。插件使用了 Triangle®软件的 MeshPy 库[SHE 06]，可以生成表示城市和城市周边景观的矢量网格（由不规则多边形和线性要素组成），而传统工具无法解决复杂景观中，尤其是人类活动形成的路网和下水道网，确定排水网络的实际问题。

第一部分描述在水文响应单元（HRUs）中生成不规则格网的相关基本概念[FLU 95]。然后说明了选择形状错误的要素是如何影响模型格网质量的。在改进模型网格的处理链中，QGIS 插件可将这类多边形分解为三角形。本章给出了 TriangleQGIS 的实现，在 Windows 中的安装方法以及使用时的选项，最终给出了法国里昂（Lyon）郊区伊桑宏（Yzeron）流域的梅西埃（Mercier）子流域格网建模的结果。以该试验流域作为城市周边流域的代表，用 PUMMA 模型完成了水文建模工作[FUM 17, JAN 14]，且在指定分辨率下所需的信息都可获取。作为实验中的一步，还会用到智利埃尔金多（El Guindo）流域的 GIS 图层[SAN 17]。

本章将会使用 TriangleQGIS 插件以及在 GRASS-GIS 实现的 Geo-PUMMA Python 脚本完成排水网络生成和分块操作。TriangleQGIS 插件和 Geo-PUMMA 脚本可从 https://forge.irstea.fr/projects/geopumma，2020.10.25 获取。作为 Windows 用户虚拟机的 Geo-PUMMA 安装程序也可通过 http://doi.org/10.5281/zenodo.821563（新访问链接为 https://zenodo.org/record/ 821563，2020.10.25，译者注）链接获取。TriangleQGIS 插件只能在 Windows 系统中使用，可在 QGIS 2.14 之后的版本中正常运行（虚拟机中安装的 QGIS 版本为 2.8），也可以不安装虚拟机。另外，如果用户要实现本章所描述的所有步骤生成水文格网，需要使用 Geo-PUMMA 和 GRASS 版本 6.4[①]以及虚拟机包含的库。使用虚拟机可以避免独立安装全部库

[①] Geo-PUMMA 工具是使用 GRASS 版本 6.4 开发的，不兼容 GRASS 版本 7。本章使用的函数参数在 GRASS 版本 6 和版本 7 中不同，因此，建议用户安装虚拟机，以避免从 GRASS 版本 7 中调用版本 6 函数时产生链接错误。

时可能造成的兼容问题。本章示例中用到的矢量 GIS 图层位于虚拟机的/home/geopumma/Database_Tutorial_ GeoPUMMA_v1 文件夹中。

示例中使用的 GIS 图层参数见表 5.1。

表 5.1 示例中使用的 GIS 图层参数

参数	内容
专题内容	Mercier和El Guindo子流域的HRUs图层
地理准确度	最小表示面积为10m²
专题准确度	与输入的图层相关联
投影系统	Lambert 93 – French Geodesic Network 1993 （Mercier, Lyon France） WG84/19S （El Guindo, Chili）

5.1.2 获取 GIS 图层输入

这一步是收集所有与流域城市和自然区相关的 GIS 图层。在城市地区，需要一个表示地籍要素的矢量 GIS 图层和建筑物、公共建设区，如街道、小路、广场、公园、运动场、规划基础设施等与水文有关的结构图层。如果没有这些数据，可以通过数字化地图或正射影像获取。数字高程模型（DEM）要求空间分辨率高，最大网格尺寸不超过 2m。为此，需要先划定流域及其子流域边界。这需要特定的工具，因为在这种高度改造过的景观中，水道方向不一定符合地形地势。Jankowfsky 等[JAN 13]提出了一种集成下水道网络的方法，并结合本章中针对城市地区的面向对象方法和针对农村地区的标准 DTM 分析，减少人工操作。通过野外测量收集下水道网络、沟渠或水工结构中的水流方向信息也是必要的。流域边界确定后，所有其他 GIS 图层（土地利用、子流域、土壤类型、地质及其他）都需要裁切，以保证所有图层和流域图层具有相同的边界。后续步骤依赖于所有这些图层的叠加。

图 5.1 表示了生成水文格网所需的主要 GIS 图层。这些矢量图层由多边形（土地利用、土壤类型、子流域、地质等）和线（污水和雨水管网、综合管网、渠道、水路等）叠加组成，作为算法的输入地图。完成数据准备步骤后，土地利用、土壤类型、地质及所有其他与水文过程有关的图层都应该是可用的。

应该叠加所有这些图层以生成初始的矢量格网。可以选择两个方法完成图层求交运算，一是使用 Geo-MHYDAS 工具[LAG 10]开发的 m.seg 脚本，可进行多边形和线的交集运算；二是使用 QGIS 对所有图层求并集获得唯一的输入图层。然后，运用矢量编辑工具（split）分割被线穿过的多边形，最后，用 Geo-PUMMA 中的 p.clean_topology.py 脚本清理拓扑。采用这种方法，最后的图层将保留边缘区域（即多边形间的约束），并纠正了可能存在的拓扑错误。

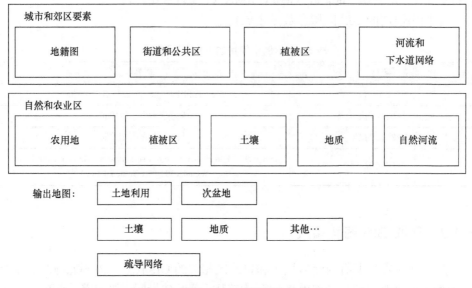

图 5.1　基础 GIS 图层的数字化和准备

> GIS 图层求并集运算的 QGIS 选项如下。
> - 联合工具：Vector → Geo-treatment tools → Union…
> - 图层编辑工具：Enter the edition model then edit → Split the elements

5.1.3　识别形状不良的水文响应单元和提高模型格网质量的方法

　　GIS 输入图层的生成过程包含了所有与城市和城市周边景观相关的要素。在水文响应单元中，多边形可能是不规则和异构的。为保证流域网络表示的不变性，这种多边形应该进行分割。本章不讨论如何生成城市水文要素（UHEs），即地籍、人行道和毗邻道路对应的城市要素等[ROD 08]。它们可通过 Geo-PUMMA 的脚本确定。下面将不分割 UHEs，因为在案例研究中其形状是相当规则的。然而，UHEs 的形状也可能非常不规则，本章中提供了相应的 UHEs 处理工具。

　　图 5.2 给出了一些 GIS 矢量图层叠加后形状不良的 HRUs 示例，它们的形状是不规则的，要么是非凸面的，要么是狭长的。这些要素通常对应路段、人行道、绿地（如树篱）或农业用地。

　　此类要素的重心通常在多边形外部，造成了水文连接存在问题。因此，需要将这些多边形分割成更小的、准规则要素，同时不显著增加要素的个数，以免影响计算效率。

第一次选择形状不良的要素可以使用 Russ 提出的几何描述子计算方法 [RUS 02]。表 5.2 列举了每个初始格网应该计算的主要描述子。可通过 QGIS 计算面积和周长等几何参数实现。也可以通过 QGIS 获取包含多边形的凸包以及相应的周长 P_{convex} 和面积 A_{convex}。此外，也可以使用 Geo-PUMMA 脚本 p.shape_factors.py。

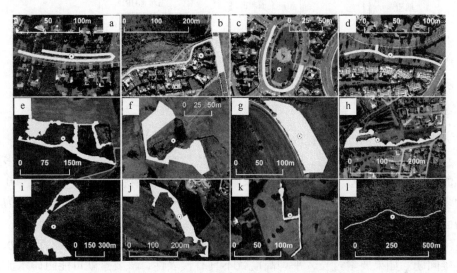

图 5.2　极不规则形状（灰色部分）的 HRUs 示例
包括路段和人行道（a、b、c、d、l）、绿地（e、g、h、j、k）或农业用地（f、i）。该图的彩色版本参见 www.iste.co.uk/baghdadi/qgis4.zip，2020.10.23

表 5.2　需考虑的几何因子

主要描述子	公式	范围
形状因子，FF	$16A/P^2$	[0,1]
凸度，CI	P_{convex}/P	[0,1]
坚固性	A/A_{convex}	[0,1]
容量	$((4/\pi)A)^{0.5}$	$[0,1/\pi]$

注：A 为多边形面积，P 为多边形周长，A_{convex} 和 P_{convex} 分别为包含多边形的凸多边形面积和周长。

计算几何因子的 QGIS 工具如下。
- 打开 Calculator → Geometry tool（该工具包含几何计算函数，如长度、面积、周长）

图 5.3 表示生成 HRUs 的步骤。第一步是基于表 5.1 中的几何描述子识别形状不良要素；第二步是运用 TriangleQGIS 插件对形状不良的要素进行三角剖分；第三步是根据选择的几何描述子将三角形融合为准规则的 HRUs，可以生成有限个最符合原始多边形边界的多边形。

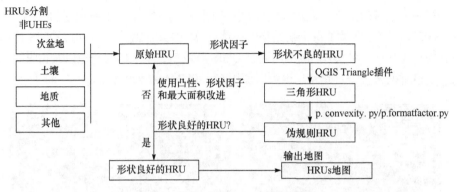

图 5.3 形状不良的 HRUs 分割步骤

识别 HRUs 的准则在提取排水网络时可能导致以下问题：

（1）非凸面的 HRUs：因为计算相邻多边形水流距离的工具将重心作为多边形的代表点，所以这类要素会产生水文连接问题。通常情况下，凸面指数 IC≥0.70 的多边形不会产生问题。示例中使用凸面指数阈值 ICT=0.75，小于此阈值的为非凸面要素。

（2）狭长的 HRUs：当以平均高度代表多边形高度时，此类要素会产生水文连接问题。如果要素过长，平均高度就不具有代表性，该要素就可能阻碍水流，并错误地修改水通量方向。为了避免这种错误，建议将此类要素分割为更小的要素。通常形状因子阈值（FFT）>0.2 不会产生问题。

（3）过大的 HURs：这类要素会导致水通量的异质性，尤其是大的多边形毗邻很小的多边形时，计算大多边形的水通量会产生问题。示例中会考虑限制单个 HRU 的最大面积不超过 $2hm^2$。

图 5.4 给出一个形状不良要素示例，需要通过分割处理进行改进。该子流域是本章主要研究对象 Mercier 流域的一部分。

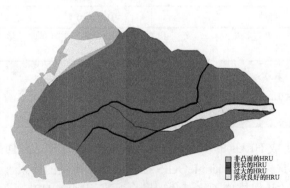

图 5.4 Mercier 子流域的形状不良要素

该图的彩色版本（英文）参见 www.iste.co.uk/baghdadi/qgis4.zip，2020.10.23

下面将介绍一种可以自动分割 GIS 图层中形状不良要素的工具，图层采用 shape 格式。

5.2 TriangleQGIS 模块的实现和基本方法

5.2.1 应用技术

对于水文模型，由于需要操作大量地理信息，运用 GIS 对输入信息进行预处理变得十分必要。GIS 平台可以使这些处理更加便利，其中应用最广泛的（免费平台）为 QGIS 和 GRASS。QGIS 有一个图形用户界面，可以集成其他 GIS 系统或数据库，同时包含用户开发的许多插件。基于以上因素，可以在 QGIS 中实现 Triangle 插件，可以使用 Triangle® 软件，并直接在.shp 格式的矢量图层中操作，无须将图层输出为 Triangle® 本地格式（如.node、.ele、.ploy、.area、.edge 和.neigh 文件）。

Python 语言广泛应用于实现 QGIS 插件，也适用于实现本章的插件。另外，利用 Python 库可以模拟 QGIS 和 GRASS-GIS 的使用方式，简化分布式水文模型的预处理步骤。

5.2.2 基本方法

本节使用的 QGIS 插件主要用于分割显著的非凸面多边形。一般来说，三角剖分算法会生成凸包三角形，但并不会保留原始多边形的边界。此外，经典的三角剖分不能限制构成多边形的三角形面积或角度。Jonathan Shewchuck [SHE 96] 开发的 Triangle® 软件包含这些功能，还提供了最有效最稳健的三角剖分方法，以优化二维模型网格。TriangleQGIS 插件可以从 QGIS 中的 Triangle® 软件激活，使用 shape 格式的多边形要素。

> 实现三角剖分的 QGIS 工具如下。
> - 三角剖分工具：Vector → Geometrical tools → Delaunay triangulation

图 5.5 给出了代表性的绿地 HRU 和使用软件不同选项对应的三角剖分结果。图 5.5b 表示整个凸面区域的三角剖分，即 Delaunay 三角剖分，可通过 QGIS 的 Vector 菜单实现。其缺点是三角格网只使用了结点，只能生成凸包，多边形的原始边界会丢失，但希望得到的格网需要保留原始多边形的形状。图 5.5c 表示用 Triangle® 工具获得的三角剖分，三角形分解使用原始多边形，不会生成凸包。图 5.5d 也表示通过 Triangle® 工具获得的三角剖分结果，但增加了三角形最大面积约束（A_{max} = 2hm²）。为了满足该条件，需要在多边形中引入额外的结点，该过程可

由 Triangle®软件根据设定的面积（或角度）准则自动完成。Triangle®软件还提供其他选项，可以为每个多边形生成的三角形添加角度约束。基于以上原因，该软件更适用于改进 HRUs 的几何结构，有必要在 QGIS 中实现。

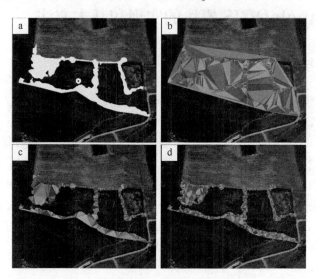

图 5.5　绿地 HRU 及多种三角剖分结果

a. 绿地 HRU；b. 经典的 Delaunay 三角剖分，4667 个三角形；c. 用 Triangle®软件进行无约束三角剖分：2340 个三角形；d. 角度约束为 20° 的三角剖分：5247 个三角形。该图的彩色版本参见 www.iste.co.uk/baghdadi/qgis4.zip，2020.10.23

　　为分解模型格网的多边形，可以选择具有约束的 Delaunay 三角剖分（利用 Triangle®）。然而，虽然这一步得到的要素为凸多边形，但包含了大量的三角形，这会严重影响格网数字模型的计算效率。此外，应该得到尽可能接近原始多边形形状的多边形。

　　因此，三角剖分应该在"分解"之后进行，这可以保留 HRUs 作为景观要素的形状。分解步骤（分组过程）是将一个三角形和相邻的最大三角形组合，重复此步骤直到满足准则规定的最大阈值。分解步骤会在所有未被分解的三角形上进行。最终，分解结果会产生一系列更加适合于水文模型应用的多边形。

　　对于面积大于用户规定的最大面积的多边形，可以与重心在多边形外部的非凸面多边形一样进行分割处理，在初始三角剖分阶段和分解阶段使用三角形最大面积约束。

　　5.2.3 节描述了实现和运行 QGIS（版本 2.14 或以下）插件的方法，并补充了一些使用 Geo-PUMMA 脚本的知识，以便读者全面了解本章的方法。

5.2.3 QGIS 插件的结构

实现 QGIS 插件需要创建实现某些方法的类和文件，或包括插件相关信息的其他文件。QGIS Plugin Builder 插件可以帮助用户构建功能插件的基本结构。该插件生成的文件如下：

（1）init.py：该文件为插件的起始点，作用是初始化并设置输出主插件；

（2）metadata.txt：该文件包含插件元数据，包括名称、需要的 QGIS 版本、作者；

（3）mainPlugin.py：该文件为插件的主类，插件的具体功能在此类中实现；

（4）resources.qrc：该文件包含插件外部文件的引用，如图像或其他文件，它必须用 pyrcc4 编译成 resources.py 文件，插件才可以使用外部文件；

（5）mainPlugin.ui：该文件包含主插件的图形化界面，它必须用 pyuic4 编译以获得 mainPlugin.py 文件，才可以使用插件的图形化界面；

（6）mainPluginDialog.py：该文件的主要目的是初始化插件图形化界面。

5.2.4 基础库：MeshPy

MeshPy 库的特点之一是可以增加三角形最大面积和最小角度约束，以提高格网质量。

因为 Triangle®整合在 MeshPy 库中，所以 MeshPy 库是实现插件所必需的库，可用来与 QGIS 矢量图层交互，因此可以通过最大面积或最小角度约束提高三角剖分效果。而且该库还支持生成 2D 格网（利用 Triangle® ）和 3D 格网（使用 TetGen12 中的四面体）。使用该库进行 2D 三角剖分与直接使用 Triangle®进行剖分是非常相似的。

Plugin Builder 插件也用来生成功能插件的基本结构。值得一提的是，Plugin Reloader 插件支持在开发过程中立即重新加载插件，以免每次加载插件时都必须加载 QGIS。为实现图形化界面，使用 QTCreator 可以轻松编辑插件图形化界面 mainPlugin.ui 文件。QTCreator 可从地址 https://www.qgis.org/en/site/getinvolved/development/qgisdevelopersguide/qtcreator.html（参考 https://docs.qgis.org/3.10/en/docs/developers_guide/qtcreator.html，2020.10.23，译者注）下载。

5.2.5 在 Windows 系统中安装插件

为运行 TriangleQGIS 插件，用户须安装 QGIS（版本 2.14 或以下）、Python 2.7 和 MeshPy 库。以下步骤可在 Windows XP 和 Windows 7.0 电脑上完成。

先安装以下程序：

Quantum GIS：QGIS-OSGeo4W-2.4.0-1-Setup-x86_64；
Python：python-2.7.amd64；
MeshPy library：MeshPy-2014.1.win-amd64-py2.7。

安装完成后，位于 C:Python27\Lib\site-packages 下的文件夹 meshpy 会被复制到 C:Programes\QGIS Chugiak\apps\Python27\Lib\site-packages 文件夹中，如图 5.6 所示。

有必要在 QGIS 的 Python 窗口中验证 MeshPy 库是否能够正确运行。用户可输入 import meshpy 命令，如果没有输出信息，则 MeshPy 库可以正常运行；否则就必须检查之前的安装步骤。图 5.7 展示了 Python 窗口和输入 import meshpy 命令后的结果。

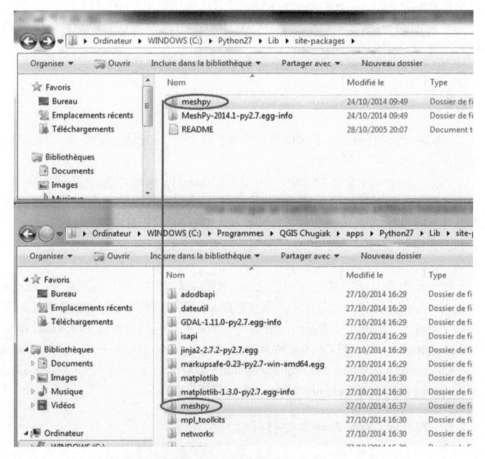

图 5.6　将 MeshPy 库添加到 Python2.7 中
该图的彩色版本参见 www.iste.co.uk/baghdadi/qgis4.zip，2020.10.23

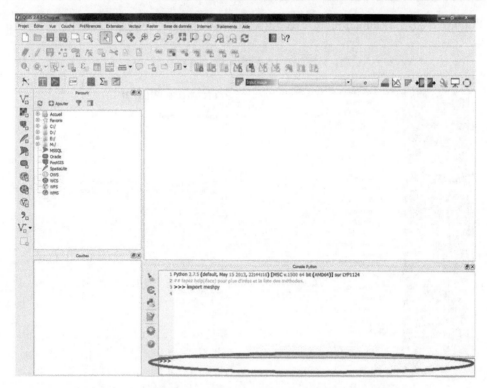

图 5.7　在 QGIS 的 Python 窗口中验证 MeshPy 库是否正确安装

最后一步是复制 TrianglePlugin 文档到 QGIS 插件所在的位置：C:Users\[username]\.qgis2\python\plugins（图 5.8）。

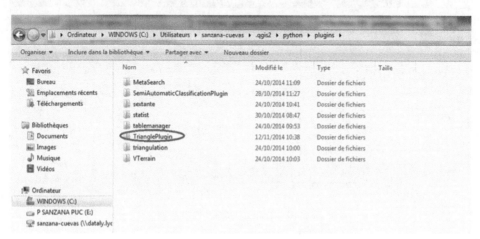

图 5.8　复制 TrianglePlugin 文档到目标文件夹

和其他 QGIS 插件一样，应该在 QGIS 工具栏选择 Plugins → Manage and Install

131

Plugins 并激活 TrianglePlugin（图 5.9）。

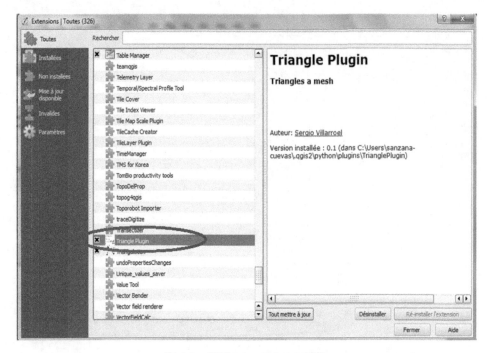

图 5.9　激活 TriangleQGIS 插件

图 5.10 为 TriangleQGIS 插件的界面。

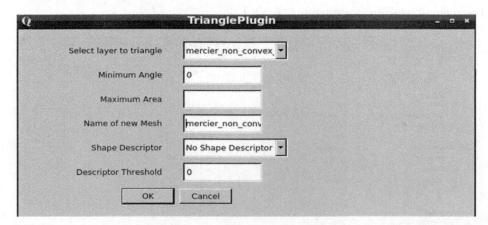

图 5.10　TrianglePlugin 插件界面

5.2.6 安装虚拟机、QGIS 插件和 Geo-PUMMA

建议访问网址（https://www.virtualbox.org/，2020.10.25）（图5.11），在Download标签页中选择相应的操作系统文件（图5.12）以下载和安装"虚拟机"。

图 5.11　VirtualBox 登录页

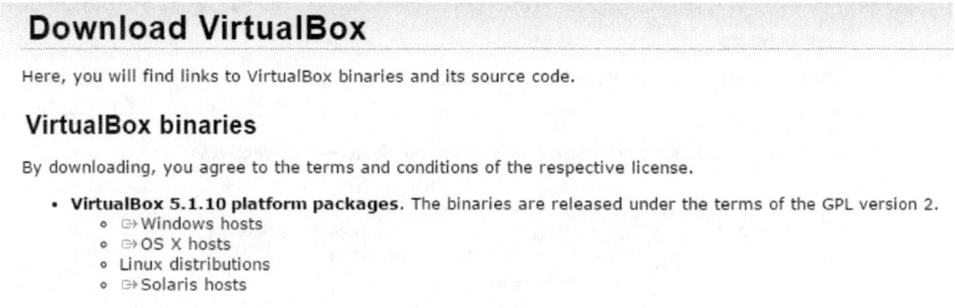

图 5.12　VirtualBox 网站的 Download 区

为安装 VirtualBox，需要运行下载的文档，按照对话框的提示进行操作。图5.13为第一个页面，只需要单击 Next 即可。第二个页面（图5.14）可选择安装文件夹，保留默认选项，单击 Next。第三个页面（图5.15）可选择是否创建快捷方式。按图示勾选相应选项后单击 Next。第四个页面（图5.16）给出了安装过程中可能会失去网络连接的警告，单击 Yes 继续。第五个页面（图5.17）为安装前的确认页面，如果没有问题就单击 Install。Windows 用户可能会收到和图 5.18 中类似的警告，单击 Install 进行安装。

图 5.13 安装对话框第一个页面

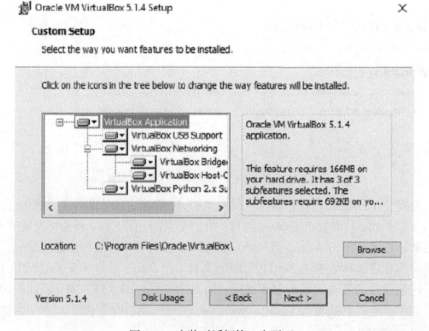

图 5.14 安装对话框第二个页面

5 应用伪凸面要素组成的二维多边形网格表示城市及城市周边地区的排水网络

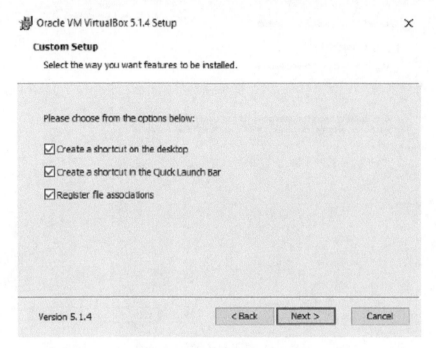

图 5.15 安装对话框第三个页面

图 5.16 安装对话框第四个页面

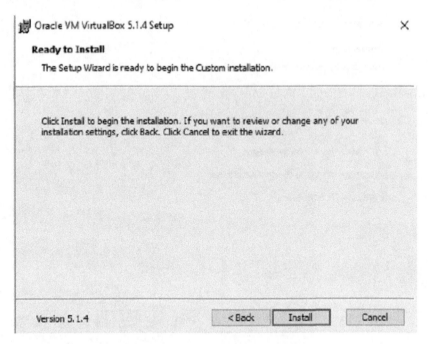

图 5.17　安装对话框第五个页面

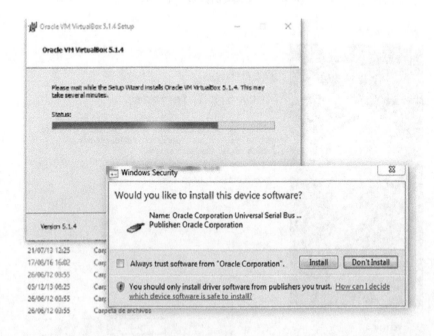

图 5.18　安装对话框第六个页面

成功安装后，打开 VirtualBox（图 5.19）。

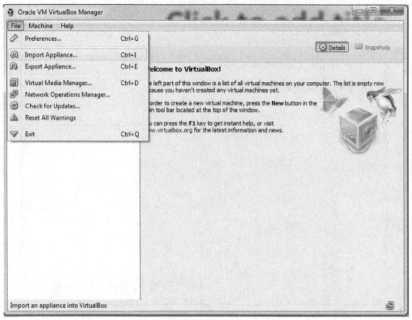

图 5.19　虚拟机主页面，选项 File → Import Appliance

下面安装运行 Geo-PUMMA 的虚拟机，脚本源[①]和虚拟机安装包[②]在指定网址获取。单击 File，选择 Import Virtual Service，页面显示如图 5.20 所示。选择 Virtual Box 文件并单击 Next。该操作所花时间长短一般视文件大小而定。

虚拟机加载完成后，需要验证操作系统是否支持使用 64 位虚拟机。如果不支持，只会显示 Ubuntu（32-bit）选项（验证是否存在问题的细节见图 5.21）。

如果没有出现 64 位的选项，可尝试以下命令：

（1）关机；

（2）开机，并立即按下 ESC 键或 F10 键以进入 BIOS（视不同电脑按相应键进入该功能）；

（3）在 BIOS 菜单中激活允许使用虚拟机的选项；

（4）保存修改，确认后重启。

电脑重启成功后，应该可以选择 Ubuntu（64-bit）选项。

---

① https://forge.irstea.fr/projects/geopumma，2020.10.25。

② http://doi.org/10.5281/zenodo.821563（新访问链接为 https://zenodo.org/record/821563，2020.10.25，译者注）。

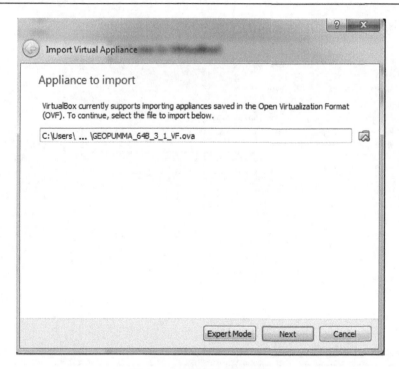

图 5.20　虚拟服务导入页面

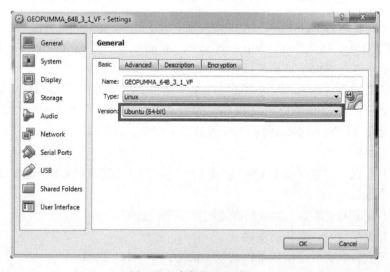

图 5.21　虚拟机配置窗口

原操作系统不可访问分配给虚拟机的磁盘空间，但可以另外配置一个操作系统和虚拟机都能访问的共享文件夹。在配置菜单栏中的 Shared Folders 处，单击选择的文件夹指定位置，在硬盘中创建新文件夹并命名为 name_folder，勾选选项

Auto-mount 和 Make Permanent，然后单击 OK 关闭窗口，再单击 OK 添加文件夹（步骤见图 5.22）。

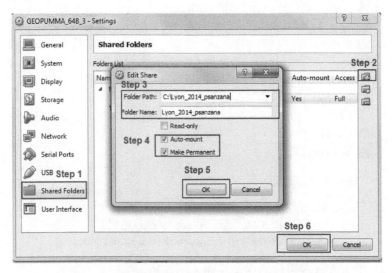

图 5.22　在硬盘中添加操作系统和虚拟机共享的文件夹
该图的彩色版本参见 www.iste.co.uk/baghdadi/qgis4.zip，2020.10.23

最后一步是调整内存的基本选项。根据电脑自身特性，内存分配不得超过绿色限值（图 5.23）。此外，需要激活 3D acceleration 选项（图 5.24）。

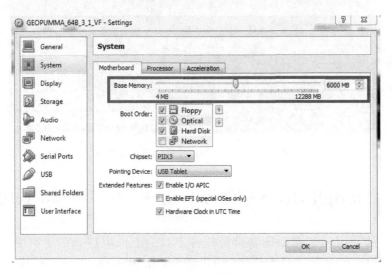

图 5.23　内存分配页面
该图的彩色版本参见 www.iste.co.uk/baghdadi/qgis4.zip，2020.10.23

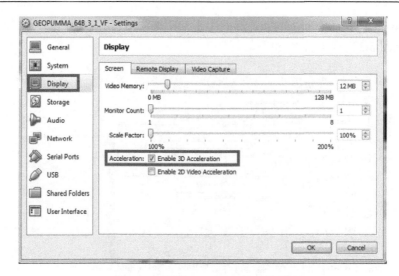

图 5.24　激活 3D acceleration 选项
该图的彩色版本参见 www.iste.co.uk/baghdadi/qgis4.zip，2020.10.23

然后，单击进入虚拟机的启动页面（图 5.25）。

图 5.25　Geo-PUMMA 虚拟机欢迎页面

5.3　TriangleQGIS 插件及 Geo-PUMMA 脚本说明

本章的说明用于帮助读者理解软件工具的工作原理。如果需要了解本章 GRASS 或 QGIS 命令的具体细节，可以参考 Geo-PUMMA 的用户指南[①]，它提供了每个步骤的详细信息。

---

① https://forge.irstea.fr/projects/geopumma/files，2020.10.25。

5 应用伪凸面要素组成的二维多边形网格表示城市及城市周边地区的排水网络

以下步骤描述了对形状不良的多边形进行三角剖分的方法。如前面的方法所述，首先是选择非凸面要素、狭长要素和过大要素。

三角剖分是改进水文模型格网的重要步骤。根据指定的改进准则（非凸面、最大面积或狭长要素）可能需要添加结点才能得到满意的三角剖分结果。当根据凸面准则进行多边形三角剖分时，添加结点不是必要的；另外，对于面积很大的多边形，需要在多边形内部添加结点；对于狭长多边形，需要在多边形的边上添加结点，以获得更小的三角形。

5.3.1 为狭长多边形添加结点

本节将介绍在狭长要素边（edge）上添加结点的方法。推荐狭长要素边界（boundary）上两结点的最大距离为 5m。按如下所示的 v.split GRASS 命令插入结点。

```
v.split input=mercier_long_elements output=mercier_long_elements_split length=5
```

这样可以确保三角剖分生成小三角形，用于第二步生成高质量的多边形。图 5.26 显示了关联路段（图 5.26a）的初始多边形，结点之间最初由不规则的间距分割（图 5.26b）。根据最大间距添加结点后，可以获得结点最大间距为 5m 的多边形（图 5.26c）。

图 5.26　插入结点前后的路段多边形

a. 关联路段的多边形；b. 初始结点；c. 新插入结点以红色表示，使得结点最大间距为 5m。
该图的彩色版本参见 www.iste.co.uk/baghdadi/qgis4.zip，2020.10.23

插入结点的 GRASS 功能如下。
- v.split

检验结点的 QGIS 工具如下。
- 三角剖分工具：Vector → Geometric tools → Nodes extraction

5.3.2 用 TriangleQGIS 插件进行三角剖分

TriangleQGIS 插件可直接操作 .shp 格式的矢量图层，可以是从多种 GIS 平台获取（ArcGIS、GRASS-GIS、OpenJump、OrbiGIS 等）的图层。建议在 QGIS 中

按图 5.27 所示的选项再次以.shp 格式保存,同时推荐对所有文件进行同样的操作,这些文件包含根据凸面准则（mercier_non_convex）、最大面积准则（mercier_big_areas）和狭长要素准则（mercier_long_elements）选择的要素。操作步骤如图 5.27 所示（1~5 步以矢量格式保存文件）。

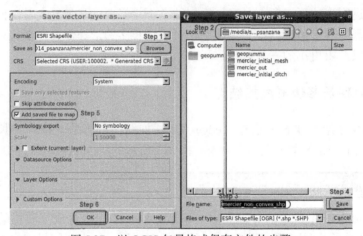

图 5.27 以 QGIS 矢量格式保存文件的步骤
该图的彩色版本参见 www.iste.co.uk/baghdadi/qgis4.zip, 2020.10.23

首先应该加载形状不良要素标识。根据凸面准则选择的要素先进行三角剖分,根据凸面准则选择的形状不良要素如图 5.28 所示。

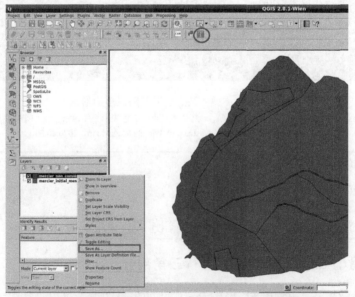

图 5.28 根据凸面指数 Convexity Index = 0.590 选择的 HRU
该图的彩色版本参见 www.iste.co.uk/baghdadi/qgis4.zip, 2020.10.23

TriangleQGIS 插件进行三角剖分时的选项界面如图 5.29 所示。表 5.3 列出了非凸面要素字段的相关信息。

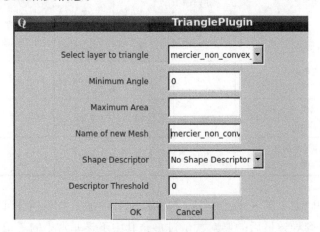

图 5.29 TriangleQGIS 插件界面

表 5.3 用 TriangleQGIS 进行不同类型三角剖分的选项（在图形化界面中需要指定的字段）

情形	非凸面要素图层 无约束三角剖分	非凸面要素图层 最大面积为20,000m²的有约束三角剖分	非凸面要素图层 最小角为30°的有约束三角剖分
三角剖分输入图层	mercier_non_convex_shp	mercier_non_convex_shp	mercier_non_convex_shp
最小角度	0	留空	30
最大面积	留空	20,000	留空
新格网名称	mercier_non_convex_t	mercier_non_convex_area	mercier_non_convex_angle
形状描述	无形状描述子	无形状描述子	无形状描述子
描述子阈值	0	0	0

各种三角剖分的结果如表 5.4 所示。对于新生成的矢量格网，比较的指标包括三角形的个数、面积统计和最小角度。第一种情形，没有最大面积和最小角度约束的三角剖分，仅使用初始边界上现有的结点（获得的三角形总数为 174 个）；第二种情形，采用最大面积为 2hm² 约束进行三角剖分，因此，程序在多边形内部插入了新结点使得生成的三角形面积小于 2hm²，结果得到 203 个三角形；第三种情形，采用最小角必须大于 30°约束进行三角剖分，因此，和第二种情形一样需要在多边形内部插入新结点，结果得到 814 个三角形。单个多边形生成的三角形数量会显著增加模型中要素的最终数量。从上面的结果可知，生成的三角形可以多达 800 个。

表 5.4　图 5.30 中要素的三角形个数、面积和角度

多边形	三角形个数	最小面积 /m^2	最大面积 /m^2	面积中位数 /m^2	最小角度 /(°)
初始（图5.30a）	—	—	—	89.35	11
无约束三角剖分（图5.30b）	174	0.17	6.618	510	1.6
最大面积约束三角剖分（图5.30c）	203	1.58	1.928	437	2.1
最小角约束三角剖分（图5.30d）	814	0.12	1.417	109	30

虽然面积约束（图 5.30c）或角度约束（图 5.30d）三角剖分可以得到形状良好的要素，但会导致最后的要素数量过多，其中不乏非常小的三角形。因此，最终结果不能直接用于建模。权衡最后的要素数量和"形状良好"的要求之后，最好的折中方法是无约束的三角剖分（图 5.30b）。

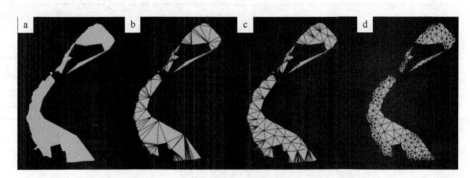

图 5.30　各种三角剖分

a. 非凸面多边形；b. 无约束三角剖分；c. 最大面积为 2hm² 的有约束三角剖分；d. 最小角为 30°的有约束三角剖分

对于狭长要素（如路段），三角剖分步骤是相似的。三角剖分的选项如表 5.5 所示。与路段关联的 HRU 如图 5.31 所示。由于 Mercier 子流域比较偏远，这里选用智利 El Guido 子流域的一个 .shp 文件作为示例。参照表 5.5 所示的选项，该路段最初由结点集合表示（图 5.31a），第一步是按照不同准则进行的三角剖分：无约束三角剖分（图 5.31b）、约束最大面积不超过 200m² 的三角剖分（图 5.31c）、约束最小角大于 30°的三角剖分（图 5.31d）。第二步是插入最大间距为 5m 的结点到多边形初始边界，然后进行无约束三角剖分。

5 应用伪凸面要素组成的二维多边形网格表示城市及城市周边地区的排水网络

表 5.5 用 TriangleQGIS 插件对狭长要素进行三角剖分的选项（在图形化界面中需要指定的字段）

情形	无约束三角剖分（初始结点）	狭长要素三角剖分 约束最大面积不大于 200m²（原始结点）	狭长要素三角剖分 约束最小角度不小于 30°（原始结点）	狭长要素三角剖分 无约束（结点最大间距 d_{max}= 5m）
三角剖分的输入 GIS 图层	test_slim_long_split_dmax_5m	test_slim_long_split_dmax_5m	test_slim_long_split_dmax_5m	test_slim_long_split_dmax_5m
最小角度	0	0	30	0
最大面积	留空	200	留空	留空
新格网名	test_slim_long_T	test_slim_long_T	test_slim_long_T	test_slim_long_T
形状描述子	无形状描述子	无形状描述子	无形状描述子	无形状描述子
描述子阈值	0	0	0	0

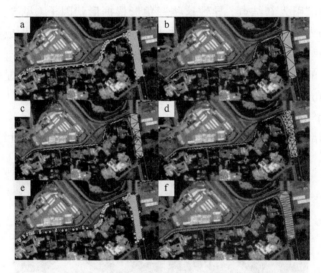

图 5.31 路段 HRU 及多种三角剖分结果

a. 具有初始结点的关联路段 HRU；b. 无约束三角剖分；c. 约束最大面积为 200m² 的三角剖分；d. 约束最小角为 30°的三角剖分；e. 结点最大间距为 5m 的 HRU；f. 在 e 的基础上进行无面积或角度约束的三角剖分。该图的彩色版本参见 www.iste.co.uk/baghdadi/qgis4.zip, 2020.10.23

每种三角剖分的结果如表 5.6 所示。

表 5.6 图 5.31 中要素的三角形个数、面积和角度

多边形	三角形个数	最小面积 /m²	最大面积 /m²	面积中位数 /m²	最小角度 /（°）
初始（图5.31a）	—	—	—	3439	71
无约束三角剖分（图5.31b）	105	0.07	467	32.7	4.4

续表

多边形	三角形个数	最小面积 /m²	最大面积 /m²	面积中位数 /m²	最小角度 /(°)
最大面积约束三角剖分（图5.31c）	218	0.01	201	15.7	21.1
最小角度约束三角剖分（图5.31d）	476	0.01	78	7.2	30
插入结点后无约束的三角剖分（图5.31f）	278	0.01	125	12.3	1.2

由于结点间距无法控制，多边形无约束三角剖分会生成非常长的多边形（图5.31）。最大面积约束三角剖分（图5.31c）和最小角约束三角剖分（图5.31d）会在多边形内部引入新结点，导致这些三角形根据形状因子（见5.3.3节）分解后的结果不尽如人意。在多边形边界上插入结点后三角剖分，会生成更小且等距的边，更适合进一步根据形状因子准则（见5.3.3节）进行分解。

对于超大的要素，可以通过最大面积约束进行分割。图5.32显示了一个多边形面积达19hm²的HRU，三角剖分根据不同的选项进行：无约束（图5.32b）、最大面积为2hm²约束（图5.32c）、最小角度为30°约束（图5.32d）。表5.7描述了进行各种三角剖分必需的选项，表5.8描述了每种三角剖分的统计结果。

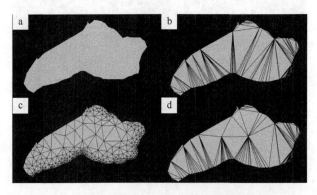

图 5.32　原始多边形 HRU 及其三角剖分的结果
a. 超大的多边形；b. 无约束三角剖分；c. 最大面积（2hm²）约束三角剖分；d. 最小角度（30°）约束三角剖分

表 5.7　TriangleQGIS 插件进行超大多边形三角剖分的选项（在图形化界面中需要指定的字段）

情形	大要素 无约束三角剖分	大要素 约束最大面积为2hm²的 三角剖分	大要素 约束最小角度为30°的三角剖分
三角剖分输入GIS图层	mercier_big_area_shp	mercier_big_area_shp	mercier_big_area_shp
最小角度	0	0	30
最大面积	留空	20,000	留空

续表

情形	大要素 无约束三角剖分	大要素 约束最大面积为2hm²的三角剖分	大要素 约束最小角度为30°的三角剖分
新格网名	mercier_big_area_t	mercier_big_area_area	mercier_big_area_angulo
形状描述子	无形状描述子	无形状描述子	无形状描述子
描述子阈值	0	0	0

表5.8 图5.32中超大要素的三角形个数、面积和角度

参数	三角形个数	最小面积 /m²	最大面积 /m²	面积中位数 /m²	最小角度 /(°)
初始 （图5.32a）	—	—	—	192.14	22.8
无约束三角剖分 （图5.32b）	160	0.45	24.27	1.19	1
最大面积约束三角剖分 （图5.32c）	164	0.45	19.34	1.16	1
最小角度约束三角剖分 （图5.32d）	841	0.09	5532	228	30

无约束三角剖分后获得的三角形个数为160，其中面积最大的为24271m²，不满足最大面积为2hm²的约束条件，因此，需要在多边形内插入结点分解成更小的三角形。最大面积为2hm²约束的三角剖分后最终获得164个三角形。最小角度约束的三角剖分可以得到形状更为规则的多边形，但三角形总数增加到了841。因此，最合适的分割方法是第二种，即最大面积约束的三角剖分。

总之，通过上述分析，对不同类型的形状不良要素处理建议如下：

（1）非凸面的HRUs：采用无面积和角度约束三角剖分；

（2）狭长的HRUs：采用无面积和角度约束三角剖分，但从边界结点间距小于5m的多边形开始；

（3）巨大的HRUs：采用最大面积为2hm²的有约束三角剖分（多边形内插入新结点可以满足该约束）。

插入结点的GRASS工具如下。
- v.split

检验结点的QGIS工具如下。
- 几何处理工具：Vector → Geometry tools → Node extraction

执行三角剖分的 QGIS 工具如下。
- TriangleQGIS 插件

在 Mercier 子流域研究案例（图 5.4）中，所有多边形的三角剖分如图 5.33 所示。

使用 QGIS 中实现的插件支持在矢量图层上直接使用 Triangle®软件，可以进行 Delaunay 三角剖分或如前面所示的有约束三角剖分。本案例主要研究改进分布式水文模型格网，但该插件也可用于需要改进要素形状的其他格网类型。

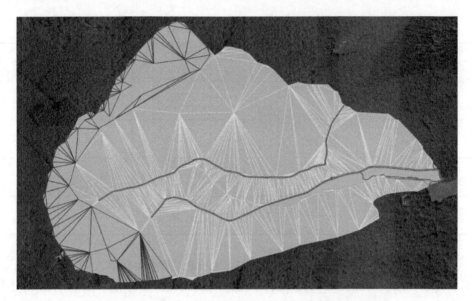

图 5.33　TriangleQGIS 插件分割所有形状不良要素后的格网

5.3.3　分解三角形要素

为每个要素分割选择了最合适的三角剖分工具后，就可以用 Geo-PUMMA 工具箱中的脚本对三角形进行分解。分解步骤可以重建符合凸面和形状因子准则的伪规则多边形，使得最终结果更接近于初始多边形，同时三角形数量也更少。该步骤还不能在 QGIS 中完成，需要用到 Geo-PUMMA 工具箱和 GRASS 功能。为使示例更加完整，本节将对这些步骤进行简单说明，感兴趣的读者可以参考 Sanzana 等[SAN 17]的研究和 Geo-PUMMA 用户手册[GEO 17]以了解更多细节。

对非凸面要素分割的脚本见表 5.9。

p.B8.a.convexity_segmentation.py

5 应用伪凸面要素组成的二维多边形网格表示城市及城市周边地区的排水网络

表 5.9 对非凸面要分割的脚本

参数	说明
脚本	p.B8.a.convexity_segmentation.py
输入	Mercier_non_convex_triangle图层（拓扑清理） Mercier_non_convex图层（pre-Triangle） 凸面指数阈值 最大面积值
输出	Mercier_non_convex_processed

使用脚本分割后的结果如图 5.34 所示。

图 5.34 使用凸面准则分解的多边形（CI>0.75）

根据形状因子准则分割要素的脚本见表 5.10。

p.B8.b.formfactor_segmentation

表 5.10 根据形状因子准则分割要素的脚本

参数	说明
脚本	p.B8.b.formfactor_segmentation.py
输入	Mercier_long_elements_triangle图层 最大面积值 形状因子阈值
输出	Mercier_long_elements_processed

使用脚本分割后的结果如图 5.35 所示。

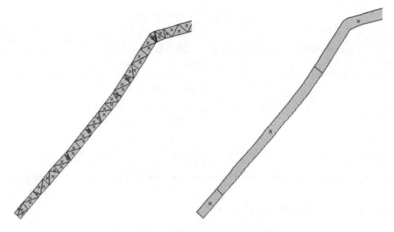

图 5.35　根据形状因子准则分解的多边形（FF = 0.20）

对超大要素进行分割的脚本见表 5.11。

| p.B8.a.convexity_segmentation.py | |

表 5.11　对超大要素进行分割的脚本

参数	说明
脚本	p.B8.b.formfactor_segmentation.py
输入	Mercier_big_areas_triangle图层 Mercier_big_areas图层（pre Triangle） 凸面指数阈值 最大面积值
输出	Mercier_big_areas_processed

使用脚本分割后的结果如图 5.36 所示。

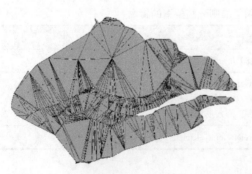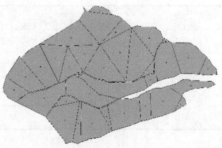

图 5.36　根据最大面积准则（A_{max} =2hm^2）分解的多边形

可以看出，分解过程显著减少了代表 HRUs 所需的最终多边形数量。将这些要素分割为伪规则要素后，水流路径就可以从每个要素到达流域出口，形成满足要求（见 5.3.4 节）的路径树。

5.3.4 模型格网优化的效果

在表示水文景观的已生成格网中，分割处理将直接影响水文连通性。使用 Geo-PUMMA 工具箱的 p.olaf.py 脚本也可以获得从指定要素到集水出口的流径 [SAN 17]。需针对每个 HRU 单独计算流径，水会沿地势流向最低的邻近单元或河段。Mercier 流域的一个子流域示例如图 5.37 所示。图中给出了初始分割和地形等高线（图 5.37a），使用初始格网的流径（图 5.37b），仅改进非凸面要素后的模型格网（图 5.37c）所有要素进行改进后的模型格网（图 5.37d）。

即使与初始格网相比，要素最终个数增加了，拓扑问题也可以使用分割解决。然而，对于非凸面和狭长要素，在凸面指数阈值为 0.75 和形状因子阈值为 0.2 的情况下分割是最好的折中，可以保证相对较高的准确度和尽量少的要素数量。

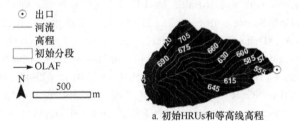

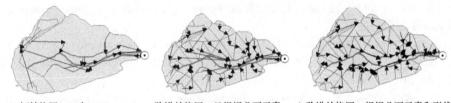

图 5.37 模型格网优化的效果

a. Mercier 子流域及地形等高线，说明形状不良要素改进后的效果；b. 使用初始格网提取排水网；c. 仅改进非凸面要素的格网；d. 对所有形状不良要素分割的格网。"OLAF"箭头对应模型要素间的流向。该图的彩色版本（英文）参见 www.iste.co.uk/baghdadi/qgis4.zip，2020.10.23

5.4 致谢

插件的成功开发要感谢天主教大学维多利亚学院博士学位论文项目的支持。

VRI-UC 项目促成了一份西班牙语原稿，标题为"Introducción al Trabajo de Titulo CC6908: Generación automática de mallas 2D para modelar cuencas periurbanas mediante el concepto de Unidades de Respuesta Hidrológica（URHs）usando QGIS"。该原稿由智利大学的学生 Sergio Villarroel 撰写，得到计算机科学系的 Nancy Hitschfeld 指导。作者获得了 ECOS-CONICYT C14U02 的赞助支持。还要感谢 FONDECYT No. 1131131、CEDEUS （FONDAP 15110020）、FONDECYT ENL009/15 和 IRSTEA-Lyon 的支持。本章的作者之一 Jorge Gironás 也对 CIGIDEN（FONDAP 15110017）表示特别感谢。Mercier 流域是城市水文地形观测台（Observatoire de Terrain en Hydrologie Urbaine ，OTHU）的一部分。本工作的其中一部分是在国际水文协会的 Panta Rhei 研究计划框架内开发的。

5.5 参考文献

[BOS 12] BOCHER E., MARTIN J.Y., "TAnaTo2: A Tool to Evaluate the Impact of Natural and Anthropogenic Artefacts with a TIN-Based Model", in BOCHER E., NETELER M. (eds), Geospatial Free and Open Source Software in The 21st Century, Springer, Berlin, 2012.

[FLU 95] FLÜGEL W.A., "Delineating hydrological response units by geographical information system analyses for regional hydrological modelling using PRMS/MMS in the drainage basin of the River Bröl, Germany", Hydrological Processes, vol. 9, nos. 3-4, pp. 423-436, 1995.

[FUA 17] FUAMBA M., BRANGER F., BRAUD I. et al., "Value of distributed water level and soil moisture data in the evaluation of a distributed hydrological model: Application to the PUMMA model in the semi-rural Mercier catchment (6.6 km^2) in France", Journal of Hydrology, 2017.

[GEO 17] GEO-PUMMA TEAM, Geo-PUMMA Tutorial v.1, available at: https://forge.irstea.fr/projects/geopumma, 2017.

[GIR 10] GIRONÁS J., NIEMANN J.D., ROESNER L.A. et al., "Evaluation of methods for representing urban terrain in stormwater modeling", Journal of Hydrologic Engineering, vol. 15, pp. 1-14, 2010.

[JAN 11] JANKOWFSKY S., Understanding and modelling of hydrological processes in small peri-urban catchments using an object oriented and modular distributed approach. Application to the Chaudanne and Mercier sub-catchments (Yzeron Catchment, France), PhD Thesis, University of Grenoble, France, available at: http://tel.archives-ouvertes.fr/tel- 00721988, 2011.

[JAN 13] JANKOWFSKY S., BRANGER F., BRAUD I. et al., "Comparison of catchment and network delineation approaches in complex suburban environments: application to the Chaudanne catchment, France", Hydrological Processes, vol. 27, no. 25, pp. 3747-3761, 2013.

[JAN 14] JANKOWFSKY S., BRANGER F., BRAUD I. et al., "Assessing anthropogenic influence on the hydrology of small peri-urban catchments: Development of the object-oriented PUMMA model by integrating urban and rural hydrological models", Journal of Hydrology, vol. 517, pp. 1056-1071, 2014.

[LAF 06] LAFONT M., VIVIER A., NOGUEIRA S. et al., "Surface and hyporheic oligochaete assemblages in a French suburban stream", Hydrobiologia, vol. 564, pp. 183-193, 2006.

[LAG 10] LAGACHERIE P., RABOTIN M., COLIN F. et al., "Geo-MHYDAS: a landscape discretization tool for distributed hydrological modeling of cultivated areas", Computers & Geosciences, vol. 36, no. 8, pp. 1021-1032, 2010.

[MEJ 14] MEJÍA A., DALY E., ROSSEL F. et al., "A stochastic model of streamflow for urbanized basins", Water Resources Research, vol. 50, no. 3, pp. 1984-2001, 2014.

[PAS 10] PASSALACQUA P., DO TRUNG T., FOUFOULA-GEORGIOU E. et al., "A geometric framework for channel network extraction from lidar: nonlinear diffusion and geodesic paths", Journal of Geophysical. Research, vol. 115, no. F01002, 2010.

[ROD 08] RODRIGUEZ F., ANDRIEU H., MORENA F., "A distributed hydrological model for urbanized areas - model development and application to case studies", Journal of Hydrology, vol. 351, nos. 3-4, pp. 268-287, 2008.

[ROD 13] RODRIGUEZ F., BOCHER E., CHANCIBAULT K., "Terrain representation impact on periurban catchment morphological properties", Journal of Hydrology, vol. 485, pp. 54-67, 2013.

[RUS 02] RUSS J.C., The Image Processing Handbook, 4th edition, CRC Press, Boca Raton, 2002.

[SAN 16] SANGIREDDY H., STARK C.P., KLADZYK A. et al., "GeoNet: An open source software for the automatic and objective extraction of channel heads, channel network, and channel morphology from high resolution topography data", Environmental Modeling and Software, vol. 83, pp. 58-73, 2016.

[SAN 17] SANZANA P., GIRONÁS J., BRAUD I. et al., "A GIS-based urban and peri-urban landscape representation toolbox for hydrological distributed modeling", Environmental Modelling & Softaware, vol. 91, pp. 168-185, 2017.

[SHE 96] SHEWCHUCK J., "Triangle: Engineering a 2D Quality Mesh Generator and Delaunay Triangulator", in LIN M.C., MANOCHA D. (eds), Applied Computational Geometry: Towards Geometric Engineering, Berlin, Heidelberg, 1996.

[SMI 01] SMITH J., LYNN M., MORRISON J. et al., "The Regional Hydrology of Extreme Floods in an Urbanizing drainage Basin", Journal of Hydrometeorology, vol. 3, pp. 267-282, 2001.

[WMO 08] WMO, Urban flood risk management - a tool for integrated flood management, associated programme on flood management, Technical report, 2008.

[XIA 07] XIAO Q., McPHERSON E.G., SIMPSON J.R. et al., "Hydrologic processes at the urban residential scale", Hydrologic Processes, vol. 21, pp. 2174-2188, 2007.

[ZEC 94] ZECH Y., SILLEN X., DEBOURCES C. et al., "Rainfall runoff modelling of partly urbanized watersheds, Comparison between a distributed model using GIS and other models. Sensitivity analysis", Water Science and Technology, vol. 29, nos.1-2, pp. 163-170, 1994.

6

旱灾制图

Mohammad El Hajj，Mehrez Zribi，Nicolas Baghdadi，Michel Le Page

6.1 背景

旱灾是半干旱地区的普遍现象，会导致严重的农作物减产问题，从而对食品安全构成现实威胁。受气候变化和极端天气现象激增的影响，这个问题可能会在全球不同地区严重恶化。旱灾的具体类型如下：

（1）气象干旱，即降水量长期低于平均水平。

（2）农业干旱，即作物缺乏水分。即使在降雨正常的情况下，由于农业生产的错误选择也可能导致这种情况发生。

（3）水文干旱，即地下水和其他水库的水储量下降到平均水平以下。

人们对气象干旱进行了各种各样的研究，开发了不同类型的干旱指数。通常情况下，这些指数使用现场（in situ）降雨数据。科学界和管理人员最常用的指数是帕尔默干旱严重性指数（PDSI）[PAL 65]，或标准化降雨指数（SPI）[MCK 95]。PDSI 的计算基于月降水量和温度序列，SPI 则仅基于降雨数据。在现场气象站密集区域，干旱状况插值的相关误差很小；而对于气象站较少的地区，可以考虑采用反距离加权法或普通克里金（Kriging）模型等统计方法。然而这些方法还是难以精确定量研究现场测量困难地区的干旱状况。

这个问题在完全没有气象站的区域会变得更加复杂。因此，在过去 20 年里科学家提出了各种估计干旱状况的新方法，大多基于光学卫星影像时间序列的统计异常分析[AMR 11, KOG 95, ZRI 16]。光学遥感由于其时空覆盖特性，在植被动态监测方面显现了巨大潜力。归一化植被指数（NDVI）被广泛应用于该领域。该指数对应地表光谱中红光和近红外反射率的反比表达式，表示绿色植被覆盖或植被丰富度。

绿色植被敏感的 NDVI 已应用于区域和全球的植被分布和潜在光合作用活性研究。该指数在时间演变中出现的统计异常可能直接关联干旱事件。

本章采用的干旱指数基于 NDVI MODIS 影像时间序列，这些影像用来监测法国过去 15 年的干旱状况，空间分辨率为 250m。本章的目的是展示如何运用 QGIS 免费软件跟踪并绘制旱灾图。示例中提供了干旱影响区的农业、城市和森林地区面积，期间正是 2003 年夏季（8 月上旬）影响欧洲的热浪时期[STE 12]。

6.2 卫星数据

6.2.1 MODIS 产品

本章使用包含植被指数 MOD13Q1 的 MODIS[①]产品进行旱灾制图。该产品提供了植被指数影像，时间分辨率为 16 天，空间分辨率约为 250m×250m。MOD13Q1 数据可从 Reverb ECHO[②]网站以分层数据格式（hdf）下载。每个 MOD13Q1 影像由 12 个波段组成。MOD13Q1 产品的投影系统使用正弦投影。

本章只关注 MOD13Q1 产品的波段 1 和波段 3。第一个波段是植被指数（NDVI），第三个波段提供了该指数的质量和可靠性信息。质量波段由 16 字节[③]组成（如 0000100001000100）。若质量波段中像素值以 00 结尾，则可认为对应的 NDVI 像素是可靠的。

为便于处理 MOD13Q1 影像，每个 MOD13Q1 影像的 NDVI 波段（波段 1）被分离成单波段影像。在该 NDVI 单波段影像中，指定不可靠像素为无数据值。

6.2.2 土地覆盖图

空间分辨率为 30m×30m 的土地覆盖图[④]可用来确定 2003 年受旱灾影响的农业、城市和森林区域的面积。该图由忒伊亚（Theia）科学中心（https://www.theia-land.fr/）生产，为整数值在 11～222 之间的专题栅格文件，其中每个值代表一种类型的土地覆盖[⑤]，土地覆盖图使用的投影系统为兰勃特投影（Lambert 93）。

6.3 基于卫星 NDVI 数据的干旱指数

基于光学影像（AVHRR、SPOT-VGT、MODIS 等）时间序列，人们提出了旱

[①] https://lpdaac.usgs.gov/dataset_discovery/modis/modis_products_table/mod13q1（参考 https://lpdaac.usgs.gov/products/mod13q1v006/，2020.10.25，译者注）。

[②] https://reverb.echo.nasa.gov/reverb/（参考 https://catalog.data.gov/dataset/reverb，2020.10.25，译者注）。

[③] https://vip.arizona.edu/documents/MODIS/MODIS_VI_UsersGuide_June_2015_C6.pdf，2020.10.25。

[④] http://osr-cesbio.ups-tlse.fr/echangeswww/TheiaOSO/OCS_2014_CESBIO_L8.tif，2020.10.25。

[⑤] http://osr-cesbio.ups-tlse.fr/~oso/ui-ol/2009-2011-v1/layer.html，2020.10.25。

灾定量研究的各种指标。本章使用 Kogan 等[KOG 95]提出的植被状态指数（VCI）。该指数已在不同地区进行了测试，在探测和监测干旱方面显现出巨大的潜力。Kogan 等[KOG 95]、Seiler 等[SEIL 98]和 Quiring 等[WHO 10]研究发现全球不同地区（非洲、美洲、欧洲）的农业产量与 VCI 高度相关。Gitelson 等[GIT 98]在哈萨克斯坦（Kazakhstan）6 个不同地点的测试研究表明，VCI 可以反映栽种区域 76%的变化。对于任一给定日期 t，对应地有一幅 16 天内合成的 MODIS 影像，则相应的 VCI 定义为

$$VCI_t = 100 \frac{(NDVI_t - NDVI_{min})}{(NDVI_{max} - NDVI_{min})} \tag{6.1}$$

其中，$NDVI_t$ 为指定日期 t 的 MODIS NDVI，来源于 16 天内的 MODIS 合成影像；$NDVI_{min}$ 为多年最小值，用所有包含日期 t 的月份获得的 NDVI 影像计算；$NDVI_{max}$ 为最大值，用所有包含日期 t 的月份获得的 NDVI 影像计算。VCI 的取值为 0～100。对于植被区域，VCI 可从干旱（dry）状态（VCI = 0）变化到最茂密状态（VCI = 100）。本章将干旱分为两类[AMA 17]：

（1）极旱到中旱：VCI≤20%；

（2）无旱：VCI>20%。

6.4 方法

对 2003 年 8 月下旬旱灾制图的步骤如下。

步骤 1：利用 2003～2017 年的 8 月获取 16 天合成的所有 NDVI MODIS 影像，计算 NDVI 的最大值和最小值。

步骤 2：计算 2003 年热浪期结束日期（对应 2003 年 8 月 13～29 日合成的 NDVI MODIS 日期）的 VCI 干旱指数。

步骤 3：将 VCI 像素值改为 0 和 1：VCI≤20%（极旱到中旱）的像素值为 0，VCI>20%（无旱）的像素值为 1。

步骤 4：对步骤 3 处理后的 VCI 影像（编码为 0 和 1）运用主成分滤波，高亮显示受干旱影响的主要区域。选择的滤波器大小为 40 像素×40 像素，对应 10km×10km 的地面大小。

步骤 5：滤波后影像生成多边形（栅格转矢量），划定受干旱影响的地区。

步骤 6：对每个受干旱影响地区对应的多边形计算农业、城市和森林区域面积。

步骤 7：成图，展示干旱地区的空间范围，以及干旱地区内农业、城市和森林的范围。

6.4.1 MOD13Q1 影像的预处理

MODIS 影像预处理可通过两个脚本完成（图 6.1）。第一个脚本用于从 MOD13Q1 产品中分离出 NDVI 波段（波段 1），生成单波段影像（tif 格式）。第二个脚本用于根据 MODIS 影像时间序列（2000～2017 年）（图 6.1）计算最小和最大 NDVI 的值。这些脚本需要先添加到 QGIS 中。脚本可在本章提供的补充资料中找到。

> 实现 QGIS 添加脚本的功能如下。
> - Processing → Toolbox → Scripts → Tools → Add script from file → …
>
> 实现 QGIS 运行脚本的功能如下。
> - Processing → Toolbox → Scripts → Tools → User scripts → …

6.4.2 划定干旱地区

首先，计算 2003 年 8 月 13～29 日期间 NDVI MODIS 影像合成对应时段的干旱指数 VCI。如果 VCI≤20%（极旱到中旱），VCI 影像的像素值设为 0；如果 VCI>20%（轻旱或无旱），则像素值设为 1。为获得较大的同质区域，对编码为 0 和 1 的 VCI 影像应用主成分滤波器（大小为 40 像素×40 像素）。然后将滤后影像生成多边形（栅格转矢量），最后剔除代表没有受干旱影响区域的多边形（图 6.1）。

> 计算 VCI 并将其值转换为 0 和 1 的 QGIS 功能如下。
> - Raster → Raster Calculator → …
>
> 应用主成分滤波器的 QGIS 功能如下。
> - Processing → Toolbox → SAGA → Raster filter → Majority filter → …
>
> 将栅格转化为多边形的 QGIS 功能如下。
> - Raster → Conversion → Polygonize → …
>
> 剔除无旱多边形的 QGIS 功能如下。
> - 右键点击矢量图层 → Open attribute table → Select features using an expression → Delete selected features → …

6.4.3 计算受干旱影响的农业、城市、森林区域面积

这一步（图 6.1）是对每个受干旱影响的多边形（区域）计算三类面积，即农业、城市和森林区域（对每一类，用像素个数乘以像素面积）。最后，以地图的形式可视化每个类别的区域。

在本章中，农业区类包含土地覆盖图的以下类：夏季作物（编码 11）、冬季作物（编码 12）、草地（编码 211）、果园（编码 221）和藤本植物（编码 222）。

森林区类包含土地覆盖图的以下类：阔叶林（编码31）和针叶林（编码32）。最后，城市区类包含构建物（编码41）和衍生构建物（编码42）。

使用 QGIS 从土地利用图中分别提取 agricultural、forests、urban 三类区域的影像如下。
- Raster → Raster calculator → …

使用 QGIS 计算各干旱区域多边形中三类用地的面积如下。
- Raster → Zonal Statistics → …
- 右键单击矢量图层 → Open the attribute table → …

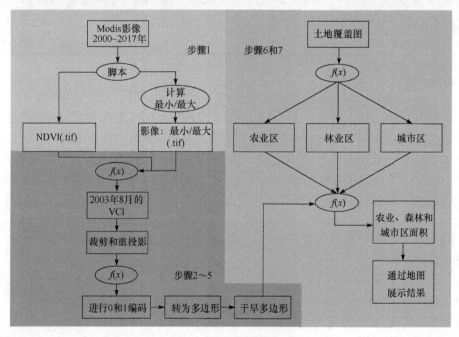

图 6.1　旱灾制图的步骤

该图的彩色版本（英文）参见 www.iste.co.uk/baghdadi/qgis4.zip，2020.10.23

6.5　QGIS 应用实现

本节主要讲述使用 QGIS 功能实现旱灾制图。

6.5.1　下载 MODIS MOD13Q1 数据

MODIS 数据可从 Reverb ECHO 网站[①]下载（表 6.1）。

---

① https://reverb.echo.nasa.gov/reverb/（参考 https://catalog.data.gov/dataset/reverb，2020.10.25，译者注）。

6 旱灾制图

表 6.1　下载 MODIS MOD13Q1 数据的步骤

步骤	QGIS操作
下载MODIS影像	选择MODIS影像下载： （1）访问ECHO Reverb网站：https://reverb.echo.nasa.gov/reverb/（参考 https://catalog.data.gov/dataset/reverb，2020.10.25，译者注）。用户需要先创建账号才能登录； （2）用光标选择研究区域（位于法国），覆盖整个法国需要四个MODIS瓦片，本章使用了几乎覆盖整个法国的瓦片（h18）； （3）在Search Terms中，输入MOD13Q1； （4）在START和END处分别指定需要获取的MODIS的起始日期（01/01/2000）和终止日期（23/05/2017）； （5）在Select Datasets处，勾选选项MODIS/Terra Vegetation Indices 16-Day L3 Global 250m SIN Grid V006； （6）单击Search for Granules显示2000～2017年的可用影像； （7）单击ALL选择2000～2017年所有可用的影像，然后单击View Items in Cart； （8）单击Order，用e-mail接收链接以下载所有影像。 考虑到所选影像数量多，最好能自动下载。可以使用Mozilla Firefox浏览器的DownThemAll插件进行操作。 使用DownThemAll插件下载所选影像： （1）打开Mozilla Firefox，安装DownThemAll[①]插件； （2）用Mozilla Firefox打开e-mail接收到的链接，右键单击DownThemAll；

---

① https://addons.mozilla.org/fr/firefox/addon/downthemall/，2020.10.25。

续表

步骤	QGIS操作
下载MODIS影像	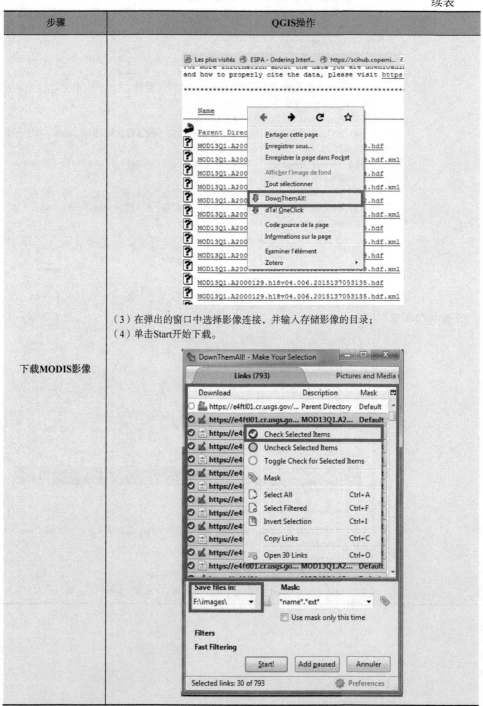 （3）在弹出的窗口中选择影像连接，并输入存储影像的目录； （4）单击Start开始下载。

注：该表的彩色图参见 http://www.iste.co.uk/baghdadi/qgis4.zip，2020.10.23

6.5.2 MODIS MOD13Q1 数据预处理

每个 MOD13Q1 影像包含 12 个波段。然而，计算 VCI 只需要用到 NDVI 波段（波段 1）。为便于操作 NDVI 波段，用 Python 语言开发的一个脚本可用于将 NDVI 波段从 MOD13Q1 产品中分离生成单波段影像（".tif"格式）。该脚本根据 MOD13Q1 产品质量波段（波段 3）的信息将不可靠像素的值赋为 NoDATA。脚本需要先添加到 QGIS。

MODIS MOD13Q1 数据的预处理步骤见表 6.2。

表 6.2　MODIS MOD13Q1 数据的预处理步骤

步骤	QGIS操作
分离NDVI波段，生成单波段影像（.tif格式）	脚本添加到QGIS中： （1）在菜单栏中，单击Processing → Toolbox； （2）在弹出窗口中单击Scripts → Tools → Add script from file，选择脚本hdf_to_tif.py，脚本可在本章补充资料中获取。 在QGIS界面启动脚本： （1）在菜单栏中，单击Processing → Toolbox； （2）单击User scripts显示上一步添加的脚本hdf_to_tif.py； （3）右键单击脚本hdf_to_tif.py → Edit script； （4）在弹出的文本窗口中输入MODIS MOD13Q1影像存储路径的名称并保存，在下面的示例中，MODIS影像存储路径为J:/Drought/hdf/16days/test/。

续表

步骤	QGIS操作
分离NDVI波段，生成单波段影像（.tif格式）	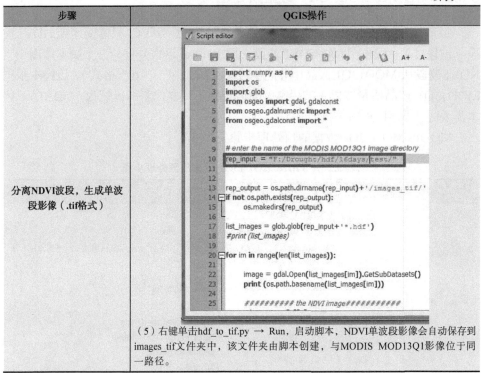 （5）右键单击hdf_to_tif.py → Run，启动脚本，NDVI单波段影像会自动保存到images_tif文件夹中，该文件夹由脚本创建，与MODIS MOD13Q1影像位于同一路径。

注：该表的彩色图参见 www.iste.co.uk/baghdadi/qgis4.zip，2020.10.23

6.5.3 计算 VCI 指数

首先，根据 8 月的 MODIS 影像时间序列（2000～2017 年）用 Python 语言编写的脚本提取包含 NDVI 最小值和最大值的两个影像。然后，使用 2003 年 8 月 13～29 日 MODIS NDVI 影像合成的 NDVI 影像计算 VCI（表 6.3）。

表 6.3 计算 VCI 的步骤

步骤	QGIS操作
1. 计算NDVI的最小值和最大值	计算各像素NDVI指数的最小值和最大值： （1）将全部8月（2000～2017年）获取的MODIS MOD13Q1影像放入一个文件夹中； （2）添加脚本image_min_max.py到QGIS（见6.5.2节）； （3）单击User scripts显示前一步添加的脚本image_min_max.py； （4）右键单击脚本image_min_max.py → Edit script； （5）在弹出的窗口中输入包含8月（2000～2017年）MODIS MOD13Q1影像的路径并保存，8月的MODIS影像存储路径为J:/Sechresse/hdf/16days/images_august/； （6）最后右键单击image_min_max.py → Execute启动脚本，NDVI的最小值和最大值存储在min_max文件夹中，该文件夹由脚本自动创建，与包含8月（2000～2017年）MODIS MOD13Q1影像的路径一致。

步骤	QGIS操作
1. 计算NDVI的最小值和最大值	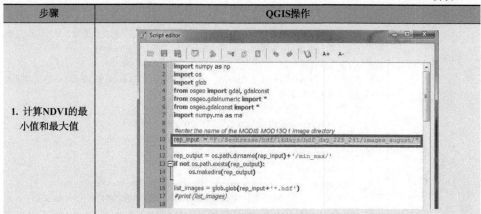
2. 计算VCI	计算VCI指数： （1）打开QGIS，导入影像： MOD13Q1.A2003241.h18v04.006.2015153114148.tif、min_2000_2017.tif、max_2000_2017.tif； （2）在菜单栏内，单击raster → raster calculator； （3）在弹出的窗口中输入如下公式： 100 * ((MOD13Q1.A2003241.h18v04.006.2015153114148@1 - "min_ 2000_ 2017@1") / ("max_2000_2017@1"- "min_2000_2017@1")) （4）在Output layer处，指定影像名称为VCI_20030829.tif； （5）单击OK，处理完成后，输出影像会显示在QGIS的layers和display部分。 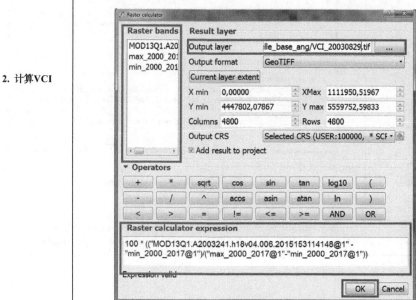

续表

步骤	QGIS操作
3. 裁剪和重投影VCI影像	跨越法国东部边界的VCI影像采用32位的浮点数编码。为便于进一步处理，VCI影像需要根据法国边界范围裁剪，转换为16位的整数，并重投影到Lambert 93。 裁剪VCI影像并转换为16bit的整数： （1）在QGIS中导入影像VCI_20030829.tif和划定研究区域的shape文件France.shp，该图层数据可从本章补充资料中获取； （2）在菜单栏中，单击raster → extraction → clipper； （3）在弹出窗口的Input file处选择影像VCI_20030829.tif； （4）在Output file处，给输出影像命名为：VCI_20030829_clip.tif； （5）勾选No data value并输入 −32768； （6）勾选Mask layer，输入shape文件France.shp； （7）勾选Crop the extent of the target dataset to the extent of the cutline； （8）单击Edit，在文本框的GTiff后面添加-ot Int16，使输出的影像格式为16位的整数； （9）单击OK，处理完成后，裁剪并转换为16位整数的影像会显示在QGIS界面的layers和display部分。 重投影VCI影像： （1）在菜单栏中，单击raster → projections → warp（reproject）； （2）在弹出窗口的Input file处选择VCI_20030829_clip.tif； （3）在Output file处输入VCI_20030829_clip_rgf93.tif； （4）激活Target SRS选项，并选择投影RGF93/Lambert93（EPSG: 2154）； （5）单击OK，处理完成后，输出影像会显示在QGIS界面的layers和display部分。

续表

步骤	QGIS操作
3. 裁剪和重投影 VCI影像	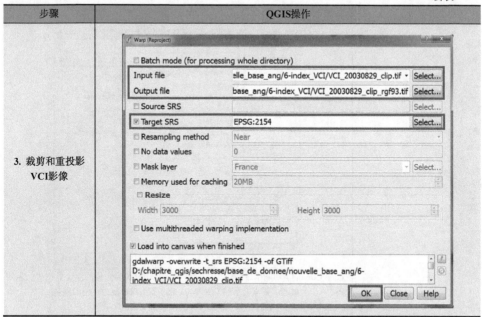

注：该表的彩色图参见 www.iste.co.uk/baghdadi/qgis4.zip，2020.10.23

6.5.4 划定干旱地区

首先，在划定干旱地区时需要将VCI影像中VCI取值小于或等于20%（极旱到中旱）的像素编码为0，VCI取值大于20%（无旱）的像素编码为1。然后，应用主成分滤波器（大小为40像素×40像素）对编码为0和1的VCI影像进行处理生成大面积同质区域。将过滤后的影像转化为多边形化（栅格转多边形）划定各个同质区域。最后，剔除不受干旱影响的地区。

划定干旱地区的步骤见表6.4。

表6.4 划定干旱地区的步骤

步骤	QGIS操作
1. 将VCI影像编码为0和1	将VCI影像编码为0和1： （1）输入VCI影像：VCI_20030829_clip_rgf93.tif； （2）在菜单栏中，单击raster → raster calculator； （3）在弹出的窗口中输入以下公式，该公式可将输出影像中VCI小于等于20%的像素设为值0，大于20%的像素设为值1： ("VCI_20030829_clip_rgf93 @ 1"> 20) （4）在Output layer处，指定输出影像的名称为VCI_20030829_c01.tif； （5）单击OK，处理完成后，输出影像会显示在QGIS界面的layers和display部分。

续表

步骤	QGIS操作
1. 将VCI影像编码为0和1	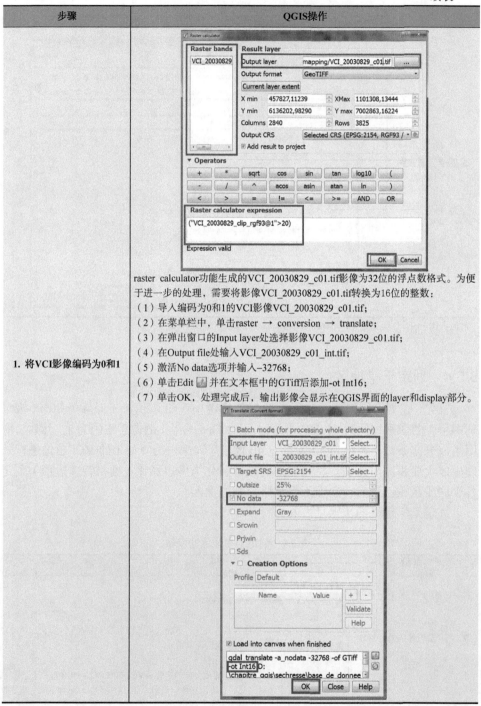 raster calculator功能生成的VCI_20030829_c01.tif影像为32位的浮点数格式。为便于进一步的处理，需要将影像VCI_20030829_c01.tif转换为16位的整数： （1）导入编码为0和1的VCI影像VCI_20030829_c01.tif； （2）在菜单栏中，单击raster → conversion → translate； （3）在弹出窗口的Input layer处选择影像VCI_20030829_c01.tif； （4）在Output file处输入VCI_20030829_c01_int.tif； （5）激活No data选项并输入−32768； （6）单击Edit 并在文本框中的GTiff后添加-ot Int16； （7）单击OK，处理完成后，输出影像会显示在QGIS界面的layer和display部分。

续表

步骤	QGIS操作
2. 应用主成分滤波器	应用主成分滤波器（40像素×40像素）： （1）导入VCI影像VCI_20030829_c01_int.tif； （2）在菜单栏中，单击Processing→Toolbox → SAGA → Raster filter → Majority filter； （3）在弹出窗口的Grid处选择影像VCI_20030829_c01_int.tif； （4）在Search Mode处，选择Square； （5）在Radius处，输入40（以像素为单位）； （6）在Filtered Grid处，指定输出文件的名称为VCI_20030829_c01_int_maj.tif； （7）单击OK，处理完成后，输出影像会显示在QGIS界面的layer和display部分。
3. VCI影像转为多边形	VCI影像转为多边形： （1）导入影像VCI_20030829_c01_int_maj.tif； （2）在菜单栏中，单击raster→conversion→Polygonize（Raster to vector）； （3）在Output polygon file（shp）处指定名称：VCI_20030829_c01_poly.shp； （4）单击OK，处理完成后，输出的多边形文件会显示在QGIS界面的layer和display部分。

续表

步骤	QGIS操作
3. VCI影像转为多边形	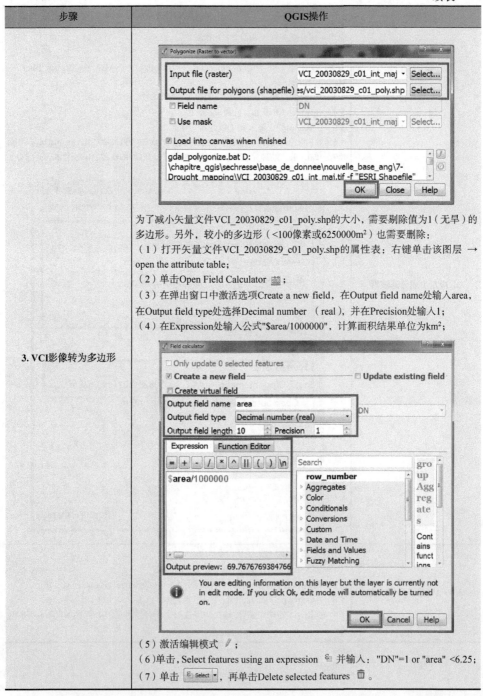 为了减小矢量文件VCI_20030829_c01_poly.shp的大小，需要剔除值为1（无旱）的多边形。另外，较小的多边形（<100像素或6250000m²）也需要删除： （1）打开矢量文件VCI_20030829_c01_poly.shp的属性表：右键单击该图层 → open the attribute table； （2）单击Open Field Calculator； （3）在弹出窗口中激活选项Create a new field，在Output field name处输入area，在Output field type处选择Decimal number（real），并在Precision处输入1； （4）在Expression处输入公式"$area/1000000"，计算面积结果单位为km²； （5）激活编辑模式； （6）单击，Select features using an expression 并输入："DN"=1 or "area" <6.25； （7）单击，再单击Delete selected features。

168

续表

步骤	QGIS操作
3. VCI影像转为多边形	（8）退出编辑模式 。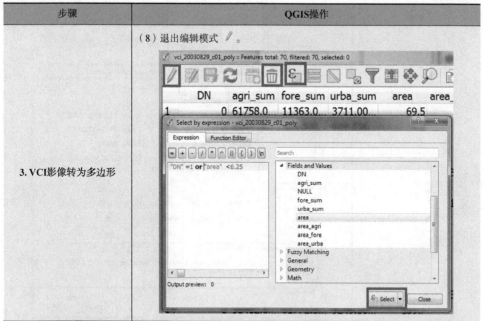

注：该表的彩色图参见 www.iste.co.uk/baghdadi/qgis4.zip，2020.10.23

6.5.5 计算受干旱影响的农业、森林和城市面积

本节介绍了计算每个干旱多边形内农业、森林和城市面积的流程（表 6.5）。首先，从空间分辨率为 30m × 30m 的土地覆盖图中提取这三个类。然后，计算干旱多边形内每个类的像素个数。最后，用像素个数乘以单位像素的面积（900m^2，像素大小 30m × 30m）。

表 6.5 计算受干旱影响的农业、森林和城市面积的步骤

步骤	QGIS操作
1. 计算每个干旱多边形内的农业区域面积	提取农业区域： （1）导入土地覆盖图landcover.tif； （2）在菜单栏中，单击Raster → raster calculator； （3）在弹出窗口中输入下面的公式。该公式可将土地覆盖影像中值为11（夏季作物）、12（冬季作物）、211（永久草地）、222（藤本植物）的像素在输出影像中设为值1，其他像素设为值0： ("landcover@1" = 11 OR "landcover@1" = 12 OR "landcover@1" = 211 OR "landcover@1" = 222) （4）在Output layer处，指定影像名称为agricultural_areas.tif； （5）单击OK，处理完后，输出的影像会显示在QGIS界面的layer和display部分。

续表

步骤	QGIS操作
1. 计算每个干旱多边形内的农业区域面积	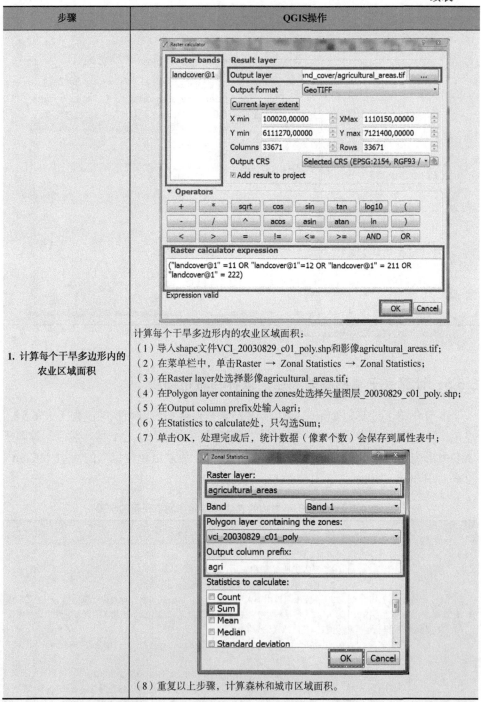 计算每个干旱多边形内的农业区域面积： （1）导入shape文件VCI_20030829_c01_poly.shp和影像agricultural_areas.tif； （2）在菜单栏中，单击Raster → Zonal Statistics → Zonal Statistics； （3）在Raster layer处选择影像agricultural_areas.tif； （4）在Polygon layer containing the zones处选择矢量图层_20030829_c01_poly.shp； （5）在Output column prefix处输入agri； （6）在Statistics to calculate处，只勾选Sum； （7）单击OK，处理完成后，统计数据（像素个数）会保存到属性表中； （8）重复以上步骤，计算森林和城市区域面积。

续表

步骤	QGIS操作
1. 计算每个干旱多边形内的农业区域面积	计算受干旱影响的农业、森林和城市区域： （1）导入shape文件VCI_20030829_c01_poly.shp； （2）打开属性表：右键单击Open attribute table； （3）单击Open Field Calculator； （4）在弹出的窗口中，激活选项Create a new field，在Output field name处输入area_agri，在Output field type处选择Decimal number（real），Precision处指定为1； （5）在Fields and Values中，双击包含agri_sum农业区域像素个数的列，列名会显示在Expression内，进一步完成表达式如下：" agri_sum" * 30 * 30/1000000（30 m 是影像的空间分辨率，除以1000000 获得单位为km²的结果）。 （6）重复以上步骤，计算森林和城市范围。 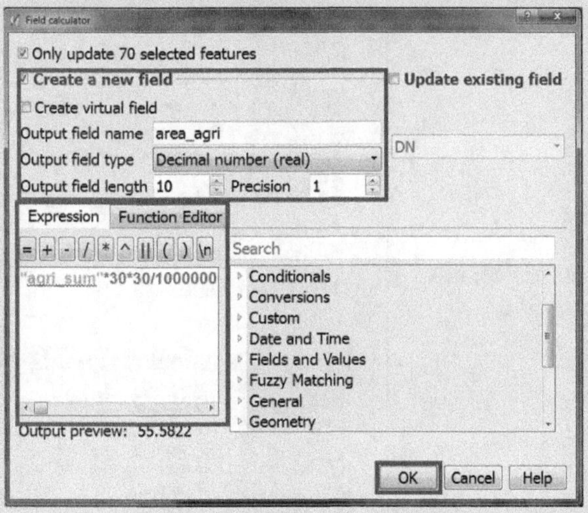

注：该表的彩色图参见 www.iste.co.uk/baghdadi/qgis4.zip，2020.10.23

6.5.6 结果可视化

本节使用地图展示结果（表 6.6）。地图中只表示面积大于 1000km² 的干旱地区。

表 6.6 结果可视化

步骤	QGIS操作
1. 使用地图显示结果	使用地图显示干旱地区的空间范围以及该范围中农业、森林和城市地区的面积。 （1）导入包含受干旱影响区域的矢量图层VCI_20030829_c01_poly.shp； （2）右键单击Properties； （3）在Style中，选择Categorized，在Column中输入$id，然后单击Classify；

续表

步骤	QGIS操作
1. 使用地图显示结果	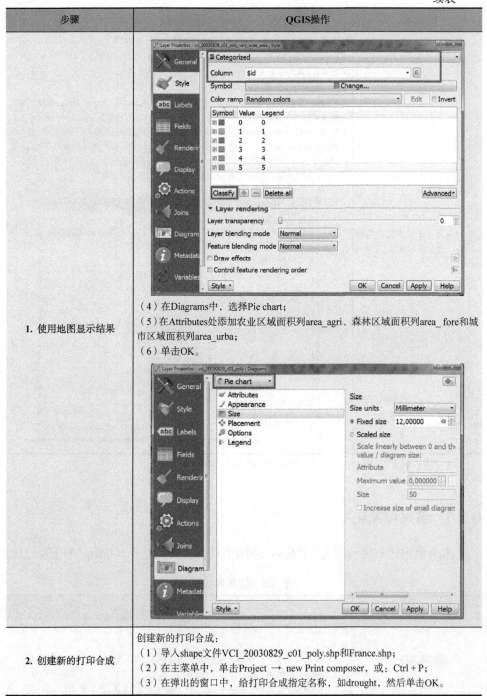 （4）在Diagrams中，选择Pie chart； （5）在Attributes处添加农业区域面积列area_agri、森林区域面积列area_fore和城市区域面积列area_urba； （6）单击OK。
2. 创建新的打印合成	创建新的打印合成： （1）导入shape文件VCI_20030829_c01_poly.shp和France.shp； （2）在主菜单中，单击Project → new Print composer，或：Ctrl + P； （3）在弹出的窗口中，给打印合成指定名称，如drought，然后单击OK。

续表

步骤	QGIS操作
3. 插入地图和地理坐标网格	设置打印合成的尺寸和比例： （1）在主菜单栏中，单击Layout → Add Map，在工作表内用鼠标框选矩形区域； （2）在菜单栏中，单击Layout → move item，选择包含影像的矩形区域； （3）在Composition部分，工作表类型设置为A4（210×297mm）； （4）在Item properties部分，在Main properties中的Scale处输入5000000，将比例尺设为1/5000000。 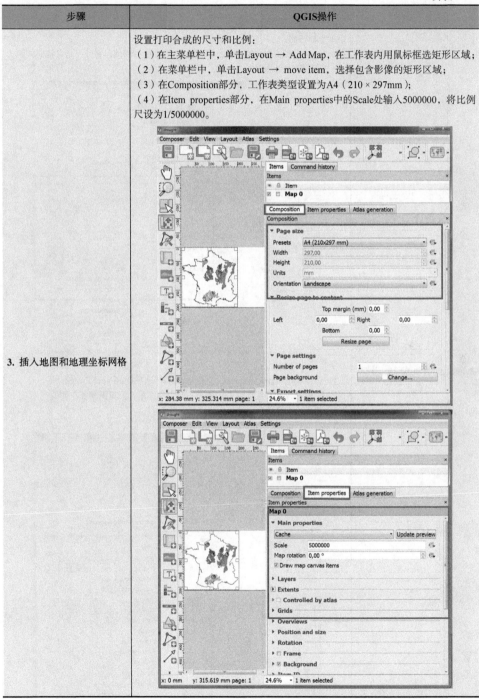

续表

步骤	QGIS操作
3. 插入地图和地理坐标网格	添加坐标格网： 在Item properties部分的Grids处单击"+"添加坐标格网。另外，定义格网间距为沿X坐标轴和Y坐标轴200km。 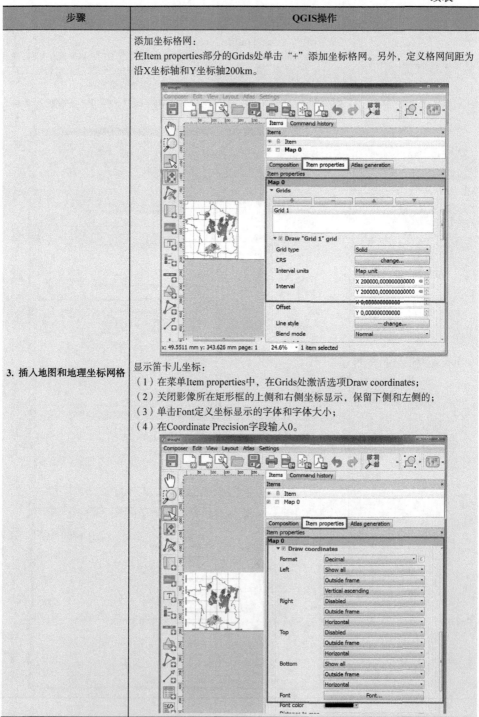 显示笛卡儿坐标： （1）在菜单Item properties中，在Grids处激活选项Draw coordinates； （2）关闭影像所在矩形框的上侧和右侧坐标显示，保留下侧和左侧的； （3）单击Font定义坐标显示的字体和字体大小； （4）在Coordinate Precision字段输入0。

续表

步骤	QGIS操作
4. 插入图示比例尺和指北针	添加图示比例尺： （1）在菜单栏中，单击Layout → add scalebar； （2）在Item properties中，找到Units、Segments和Fonts and colors，分别定义单位、分割区域数量和图示比例尺的字体。 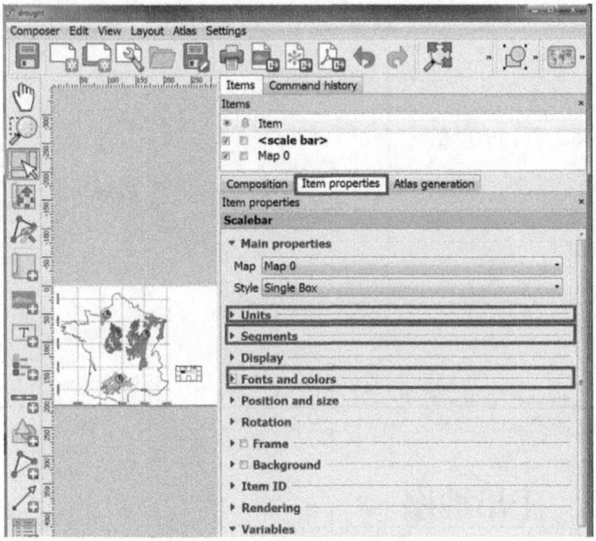 添加指北针： （1）从网络上下载一张指北针的影像①，并保存到电脑； （2）在菜单栏中单击Layout → Add Image并绘制一个矩形区域； （3）选择该矩形区域，然后在Item properties中找到Main properties，在Image source处选择下载的指北针影像。 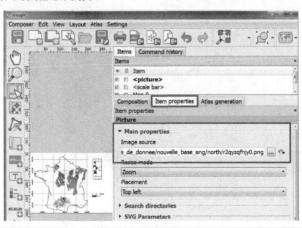

① https://goo.gl/images/mns0lM，2020.10.25。

续表

步骤	QGIS操作
5. 插入图例并打印地图	添加图例： （1）在菜单栏中，单击Layout → Add legend； （2）在Item properties中找到Legend items，关闭Auto update； （3）单击 删除所有不需要的图例； （4）在Font处修改图例的字体。 打印地图：在菜单栏中，单击Composer → Print composer → Export as PDF。

注：该表的彩色图参见 www.iste.co.uk/baghdadi/qgis4.zip，2020.10.23

6.6 干旱地图

图 6.2 展示了干旱地区的空间范围及每个干旱区范围中农业、森林和城市面积（饼图）。制作多期类似的地图并进行比较，可以研究干旱的时间演变。

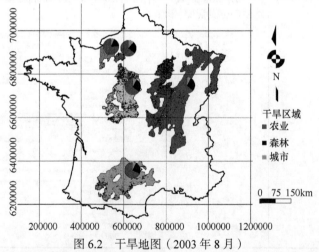

图 6.2 干旱地图（2003 年 8 月）

坐标为 Lambert 93 投影坐标。干旱地区已用颜色清楚地表示其与饼状图的关系（每个饼状图根据对应的面积绘制）。该图的彩色版本（英文）参见 www.iste.co.uk/baghdadi/qgis4.zip，2020.10.23

6.7　参考文献

[AMA 17] AMALO L.F., HIDAYAT R., "Comparison between remote-sensing-based drought indices in East Java", IOP Conference Series: Earth and Environmental Science, Bogor, Indonesia, p. 012009, 2017.

[AMR 11] AMRI R., ZRIBI M., DUCHEMIN B. et al., "Analysis of vegetation behaviour in a semi-arid region, using SPOT-VEGETATION NDVI data", Remote Sensing, vol. 3, pp. 2568–2590, 2011.

[GIT 98] GITELSON A.A., KOGAN F., ZAKARIN E. et al., "Using AVHRR data for quantitative estimation of vegetation conditions: Calibration and validation", Advances in Space Research, vol. 22, pp. 673–676, 1998.

[KOG 95] KOGAN F.N., "Application of vegetation index and brightness temperature for drought detection", Advances in Space Research, vol. 15, pp. 91–100, 1995.

[MCK 95] MCKEE T.B., DOESKEN N.J., KLEIST J., "Drought monitoring with multiple time scales", Proceedings of the 9th Conference on Applied Climatology, American Meteorological Society Dallas, Boston, MA, pp. 233–236, 1995.

[PAL 65] PALMER W.C., Meteorological Drought; US Department of Commerce, Weather Bureau Washington, DC, vol. 30, 1965.

[QUI 10] QUIRING S.M., GANESH S., "Evaluating the utility of the Vegetation Condition Index (VCI) for monitoring meteorological drought in Texas", Agricultural and Forest Meteorology, vol. 150, pp. 330–339, 2010.

[SEI 98] SEILER R.A., KOGAN F., SULLIVAN J., "AVHRR-based vegetation and temperature condition indices for drought detection in Argentina", Advances in Space Research, vol. 21, pp. 481–484, 1998.

[STE 12] STÉFANON M., DROBINSKI P., D'ANDREA F. et al., "Effects of interactive vegetation phenology on the 2003 summer heat waves", Journal of Geophysical Research: Atmospheres, vol. 117, pp. D24103, 2012.

[ZRI 16] ZRIBI M., DRIDI G., AMRI R. et al., "Analysis of the effects of drought on vegetation cover in a Mediterranean region through the use of SPOT-VGT and TERRA-MODIS long time series", Remote Sensing, vol. 8, p. 992, 2016.

7

基于景观指标的空间采样设计在害虫调节中的应用：塞内加尔邦贝地区黍米头蝇案例研究

Valérie Soti

7.1 定义和背景

本章的目的是制定一项空间采样方案，观测景观要素对黍米头蝇（MHM）褐飞虱自然调节的影响[AJA 80; GUE 82; NDO 79]。由于造成了40%～85%的严重减产，MHM对西非粮食安全构成极大威胁[GAH 86; KRA 95; YOU 98]。因为塞内加尔（Senegal）农业规模小、收入低，使用杀虫剂并不合适，一方面成本高，利用效率低；另一方面人们缺乏化学品使用方面的培训[PAY 11]。因此，利用植物多样性促使害虫自然调节似乎是合适的折中方案，这样不仅可以提高产量，还可以改善食物的多样性，确保当地居民的食品安全和健康。

大量研究表明，增加植物多样性可以降低害虫造成的作物危害。基于生物多样性保护的农业生态实践也表明，结合半自然景观要素如绿篱、树木、灌木、草田带和沟渠，为害虫提供适宜的生境，使它们可以获得食物或繁衍，有助于提高害虫的生物防治效果。这些景观要素通常是益虫或其他害虫捕食者的资源区，从而可减少农药的使用。此外，它们还有驱虫的作用。为利用景观要素进行害虫防治，必须了解当地的自然栖息地及其对害虫和害虫天敌的影响[BIA 06, LAN 00]。

针对作物保护的病虫害综合治理很大程度上受限于驱-诱结合策略，即在种植范围内使用异株克生植物。然而，昆虫（害虫或自然天敌）的时空动态往往超出作物种植范围。因此，需要从农业生态系统的高度理解生态复杂性，适当更换其环境中的耕作方式。

为研究景观要素分布和生态过程间长期的相互作用，可以采用基于空间分析和功能分析结合的景观生态学方法。在这门科学中，景观具有空间异质性，由各种不同的图斑镶嵌而成，包括复合区和结构体（片段/廊道/同质等），它们影响着物种的生存、繁盛和扩散。

据此方法，本章的目标是设计一种抽样策略，研究以捷斯（Thies）东北部丹加尔马（Dangalma）村为中心的 20km×20km 矩形区域内景观复合区对 MHM 的影响。研究区域位于塞内加尔的大花生盆地，以农林复合式系统为主要特征，且以相思树（*Faidherbia albida*）百年古树为主，同时主要栽培黍米（*Pennisetum glaucum*）和花生（*Arachis hypogaea* L.）。

该采样方案基于两个起杠杆作用的景观变量，它们在 MHM 自然调节中扮演了重要的角色。第一个变量是天然植被，主要由独树组成，其存在和密度都有利于 MHM 的自然调节。实际上，天然植被可以为害虫天敌提供食物和避难场所[OTI 11]。第二个变量是可能影响 MHM 发病率的黍米作物密度，因为作为 MHM 的"源区"，它们为 MHM 发育生长提供黍米穗食用[BIA 06]。

为验证这两种假设，需要从根本上设计合适的采样方案，沿着景观格局的相关梯度，选取一定数量的、可代表整个景观异质性的研究区。

两个景观变量可根据昴宿星（Pleiades）卫星高分影像（0.4m 分辨率）提供的数据计算。该方法使用免费软件 QGIS 开发，不需要任何 GIS 方面的专业技能。

7.2 空间采样方法

采样方案基于 2013 年 1 月 24 日 Pleiades 卫星影像的景观数据，其全色影像的地面分辨率为 0.5m×0.5m，包括蓝（B）、绿（G）、红（R）和近红外（NIR）波段的多光谱影像地面分辨率为 2m×2m。三个主要实现步骤如下（图 7.1）：

（1）利用研究区的土地覆盖图对两项景观指标进行量化。该区域由以下 8 类要素组成：黍米、花生、商品蔬菜、休耕地、植被、栖息地、道路和裸地[BIL 13]；

（2）组合两个景观变量；

（3）将选择的采样地点集成到 GPS，以便于进行野外验证。

科学上和材料上的一些约束导致采样方案在采样点数量和重复性方面进行了一些折中。

第一个约束是采样点之间应定义足够的距离，以避免站点观测数据之间可能存在的空间相关性。该距离通常应与目标昆虫的最大扩散能力一致。对于塞内加尔的 MHM，雌性会在穗顶产下约 400 枚卵，孵化后的幼虫开始以黍米顶部为食，并在 23~29 天内完成发育。随后 11 月至次年 7 月的整个旱季，幼虫都在土壤中化蛹滞育。因此，如果下一年的作物仍然是黍米，MHM 的扩散距离通常会非常短或者基本为零。将树木作为掩体的天敌会到更远的地方攻击害虫。基于 MHM

生物生态学的知识，可以将其最大位移距离设定在黍米种植区半径1km内，可以在一定程度上保证样本点之间的独立性。

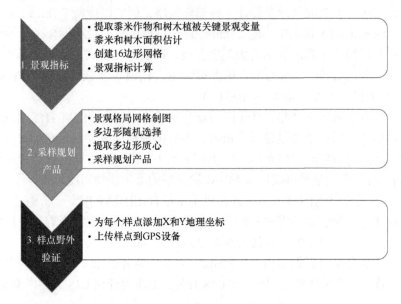

图7.1 空间采样设计处理步骤

第二个约束是通过仔细选择半径1km内完全位于研究区域的研究地点消除边缘效应。由于时间和资源约束，可部署的野外站点总共只有45个，这里假设至少应有9种景观格局，每种格局可以重现5次。

7.2.1 景观指标的量化

一般方法是从数字土地利用数据中提取最适合的、通用的景观特征描述。根据文献（图7.2），景观指数主要有三大类：

（1）景观组成指数：量化景观格局类型和丰度；

（2）景观配置指数：衡量景观格局的空间结构和分布；

（3）景观连接指数：衡量图斑间的空间关系。

这里的"图斑"或"类型"定义为相对同质的区域，该区域与邻近区域差异明显。图斑是景观变化和波动的基本单元。基质（Matrix）是具有高度连通性的景观"背景生态系统"。例如，森林景观（矩阵）的森林覆盖间隙（空旷斑块）越少，连通性越高。

选择这些指数通常基于人们对目标物种的生物生态学认知和现有土地利用数据的准确性。但是，如果无法满足这些条件，可采用探索性的方法，包括计算大量的景观变量，然后进行统计检验。在本案例研究中，MHM在整个生命周期中都处于同一块谷地，同时本章还假设周围的树木为天敌提供了掩体。因此，选择与 MHM 及其天敌生态相关的树木密度指数和黍米作物密度指数。

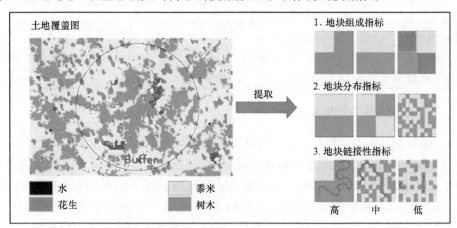

图 7.2　用于衡量景观异质性的主要景观指数
该图的彩色版本（英文）参见 www.iste.co.uk/baghdadi/qgis4.zip，2020.10.23

7.2.1.1　创建六边形网格

在计算景观变量之前，需要定义景观单元的尺寸。在动物学领域，通常使用目标物种的功能区或其最大位移距离计算景观单元表面积。如果没有这些信息，通常在采样点周围计算不同空间尺度的景观变量。在本案例中，已经知道 MHM 不会移动，但其天敌可以飞到至少 1km 远的地方，因此，可以创建由六边形和景观单元组成的网格，其半径约为 1km。为此，使用 QGIS 的 Create Grid（创建网格）工具生成由 100hm^2 单元格组成的六边形网格，并利用它将土地利用图切割为 491 个景观单元，以便于计算每个单元格的树木密度指数和黍米作物密度指数。

> 创建网格的 QGIS 功能如下。
> • Processing Toolbox → QGIS Geoalgorithms → Vector creation tools → Create a grid

7.2.1.2　计算树木密度指数

自然植被可以为天敌提供食物，如花蜜和花粉，还可以提供掩体[OTI 11]。假设自然植被，尤其是树木，可以强化 MHM 的生物防治。因此，通过计算每个六边形单元（Hi）的树斑总数（TP）可以计算树木密度指数，称为树斑数（NTP），公式如下：

$$NTP_{Hi}=TP_{Hi} \quad (7.1)$$

每个网格六边形计算完成后,将生成覆盖整个研究区域的树木密度图。

计算树斑密度的 QGIS 功能如下。
- 找到 Vector → Data Management Tools → Join attributes by location,然后选择 SUM 运算符获取每个六边形网格内的树木数量

7.2.1.3 计算黍米作物密度指数

MHM 属于一化(每年一代)夜蛾,在收割期后干旱季节(10 月到次年 8 月)一直在土壤中处于生长停滞的蛹化阶段①。大部分幼虫在重土壤(黏土/壤土)中蛹化的深度为 10~15cm,在砂质土壤中深度为 15~25cm[GAH 86, VER 78]。因此,假设在以黍米作物为主的地区 MHM 种群更大,生物防治的效率会降低。相反,在由多种其他作物,如花生或高粱,以及半自然的树木植被组成的复杂景观中,昆虫物种间的竞争会更激烈,MHM 丰度会随之降低。因此,黍米作物密度指数,亦称之为黍米斑数(NMP),可表示为土地覆盖图每个网格单元(Hi)黍米斑(MP)的相对比例,计算公式如下:

$$NMP_{Hi}=MP_{Hi} \quad (7.2)$$

计算黍米斑密度的 QGIS 功能如下。
- Vector → Data Management Tools → Join attributes by location,然后选择 SUM 运算符,获取每个六边形网格中黍米斑的数量

每个网格六边形计算完成后,将生成覆盖整个研究区域的黍米作物密度图。

7.2.1.4 景观指标数据的分类

这一步的目的是生成研究区域黍米作物密度和树木密度的类型图。利用 QGIS 中的 Jenks 自然断裂分类法[DES 09]可获得三个同质类的密度。这是一种数据聚类方法,用于将数值最佳地分到不同的类。类别划分的依据是,相似值形成组,类间差别最大。要素被分成不同的类,其边界在数据值差异相对较大的地方形成。图 7.3 表示了两种景观指标数据(黍米作物密度指数和树木密度指数)的分布结果,划分为低、中、高三个密度类别。

---

① 蛹(原文为 pupa,pupae 的复数)为完全变态昆虫生命周期的第三个阶段。

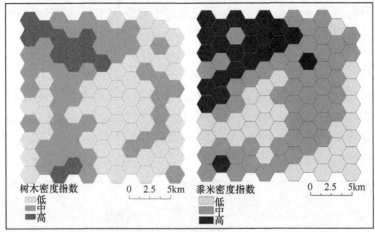

图 7.3 半径为 1km 的单元中黍米作物密度和树木密度变量的分类结果
该图的彩色版本（英文）参见 www.iste.co.uk/baghdadi/qgis4.zip，2020.10.23

7.2.2 制定采样方案

7.2.2.1 景观变量的组合

组合景观变量需要事先对两张景观变量图的三个密度类进行编码：低密度类属性值为"1"，中密度类属性值为"2"，高密度类属性值为"3"。然后，将两个景观指标的所有三个密度类组合成对（3×3 密度类），生成由 9 种景观格局组成的网格图（图 7.4）。

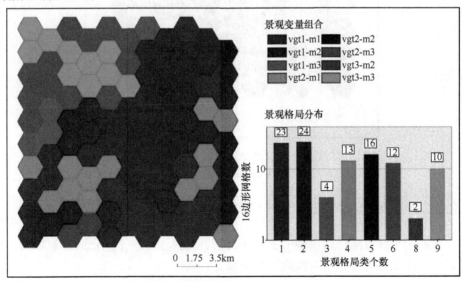

图 7.4 景观变量的组合结果

vgt=树木植被，m=黍米作物。该图的彩色版本（英文）参见 www.iste.co.uk/baghdadi/qgis4.zip，2020.10.23

本例中，只有 8 种景观格局，因为研究区域不存在树木高密度（vgt3）和黍米作物低密度（m1）的组合（vgt3-m1）。

7.2.2.2 选择采样点

接下来要从生成的聚类中随机选择 35 个样本点，每个景观格局（8）有 5 个重复的样本点（图 7.5）。为此，运用 QGIS 的随机多边形选择工具，为每种景观格局类指定重复的采样点个数。将采样点间的距离设定为 2km，以免采样点间具有空间相关性。

> 在景观格局中随机选择点的 QGIS 功能如下。
> - 单击 Vector → Research Tool → Random selection within subsets…

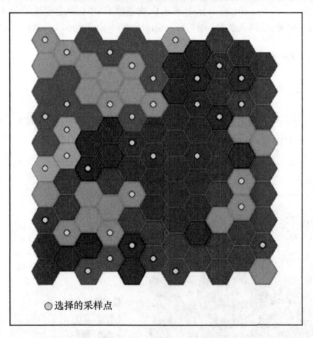

图 7.5 所选择的采样点以黄色表示

该图的彩色版本（英文）参见 www.iste.co.uk/baghdadi/qgis4.zip，2020.10.23

7.2.3 将选择的采样点输出到 GPS 中

选择的采样点随后输出到 GPS 接收机，目的是对 35 个选择的景观格局，也就是树木密度和黍米作物密度进行野外验证。

7.3 实际应用

本节将空间采样设计的方法应用到塞内加尔东北邦贝（Bambey）地区的 MHM 自然调节，研究区占地约 400km²。

7.3.1 软件和数据

7.3.1.1 软件要求

实施基于景观指标的采样方案需要矢量图层和 QGIS（版本 2.18.3）的基础功能。本应用不需要安装任何特定扩展即可执行不同的处理步骤。

7.3.1.2 输入数据

实践中需要用到矢量格式的土地覆盖数据，源于亚米级空间分辨率（<2m）的 Pleiades 卫星影像。分类精度根据地面真实数据，用 Kappa（K）系数（值域为 -1~1）进行检验[LAN 77]。它用来衡量分类图与参考数据之间的一致性。该一致性基于误差矩阵的主对角线和差异度（行和列的值），若 K>0.80，则具有强一致性，若 0.40<K<0.80，则具有中度一致性，若 K<0.40，则仅具有弱一致性[JEN 15]。由 K 的计算值为 0.82，可以认为检验结果是显著的，因而得到包含 8 个类的地图：黍米、花生、蔬菜、休耕地、植被、栖息地、道路和裸地[NDA 15]。

这些数据可在 TRECS 项目（遥感在塞内加尔黍米虫害防治中的应用）框架内获得，项目由法国国家空间研究中心（CNES）资助。作为实践的一部分，这里将使用矢量格式的 shape 文件 Occsol_Bambey.shp，投影系统为通用横轴墨卡托投影（UTM WGS 84, 28N）。

7.3.2 计算景观变量

这一步是基于前面提出的两个假设（7.2.1.1 节和 7.2.1.2 节）计算相关景观变量，如树木植被密度和黍米作物密度。为此，还需要完成一些准备工作：提取目标景观变量（7.3.2.1 节）、估算它们的面积（7.3.2.2 节）以及创建单元面积约为 100hm² 的六边形网格（7.3.2.3 节）。

7.3.2.1 提取树木和黍米作物图层

首先从研究区域的土地覆盖图中分离出矢量格式的 trees 和 millet crops 图层。黍米作物和树木要素的提取见表 7.1。

表 7.1　黍米作物和树木要素的提取

步骤	QGIS操作
1. 打开土地覆盖图	在QGIS中： （1）在Layer栏单击Add Vector Layer； （2）找到Occsol_Bambey.shp文件并打开。
2. 选择坐标参考系统	下一步软件将提示选择坐标参考系统（CRS）→ 选择EPSG32628, WGS 84, UTM zone 28N作为CRS。
3. 提取树木图层	打开Occsol_Bambey.shp的属性表。右键单击该图层，选择Open Attribute Table 在属性表内输入表达式，单击 图标执行查询。 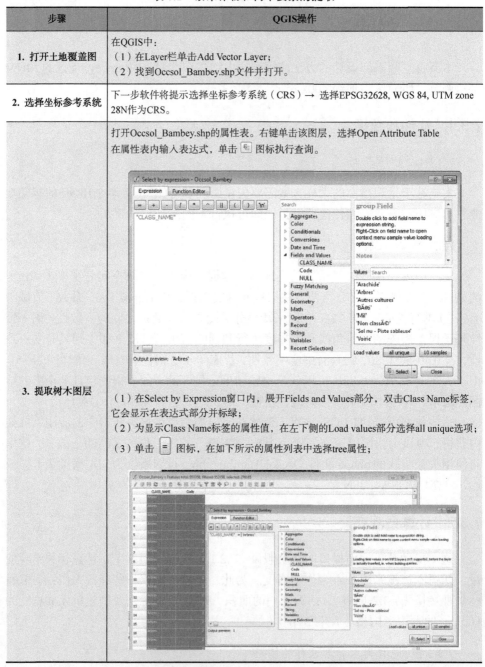 （1）在Select by Expression窗口内，展开Fields and Values部分，双击Class Name标签，它会显示在表达式部分并标绿； （2）为显示Class Name标签的属性值，在左下侧的Load values部分选择all unique选项； （3）单击 = 图标，在如下所示的属性列表中选择tree属性；

续表

步骤	QGIS操作
3. 提取树木图层	（4）单击Select，再单击Close，开始查询； （5）请求执行完成后，双击图层名Occsol_Bambey.shp，选择Save as… （6）Save vector layer as窗口会自动打开，输入Tree作为文件名，勾选Save only selected features和Add save file to map； 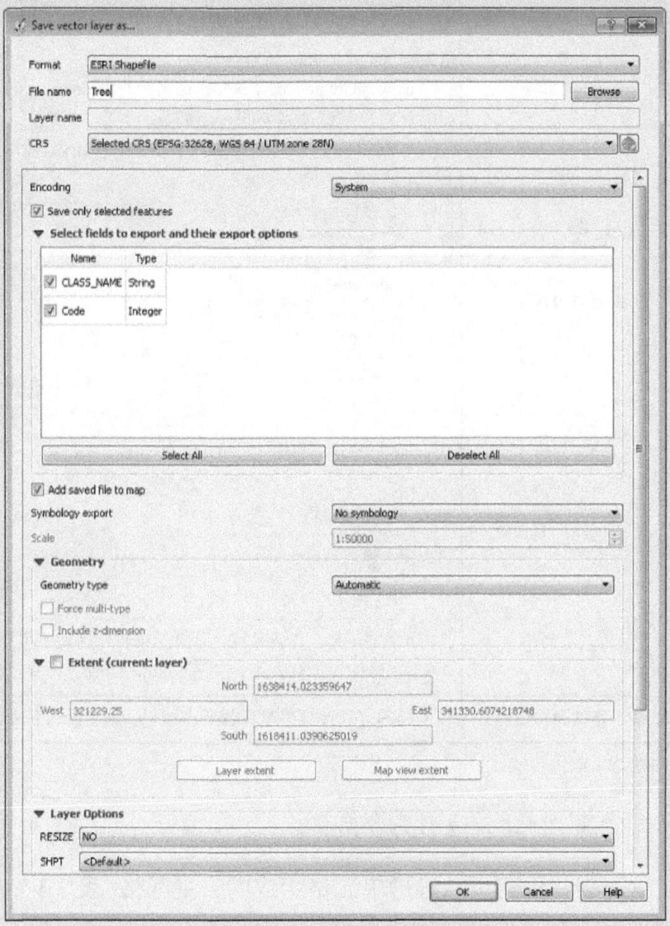 （7）单击OK，QGIS主窗口将显示Tree shape文件。
4. 提取黍米作物图层	（1）按同样的方式，从Occsol_Bambey.shp土地覆盖图中提取出shape文件Millet.shp； （2）在QGIS主窗口中删除Occsol_Bambey.shp 文件。

7.3.2.2 计算树木和黍米作物覆盖的面积

本节将估计树木和黍米作物覆盖的面积（表 7.2），为下一步计算景观变量提供信息。

表7.2 计算黍米作物和树木表面积的步骤

步骤	QGIS操作

1. 树木面积估计	在QGIS中：
	（1）打开Field calculator工具，根据已有的属性值或已定义的函数（如计算几何要素边长或面积）进行计算。该工具可从QGIS 标准工具栏中单击 ▦ 直接调用，或从图层的属性表中调用。
	（2）Field calculator窗口打开后：
	    a. 勾选Create a new field，命名为Tree_area；
	    b. 设定数据类型为integer格式；
	    c. 在窗口中心的选项列表内选择Geometry，然后双击$area，$area会显示在左侧框内；
	    d. 单击OK，开始计算，计算结果将作为新字段显示在属性表中。
	（3）在属性表工具栏中，关闭Editing Mode，并单击Save Changes。

2. 黍米作物面积估计	以同样的方式计算黍米作物所占面积，新字段命名为Millet_area。

7.3.2.3 创建六边形矢量网格

这一步将创建由六边形单元格组成的矢量网格（表7.3），单元格的直径为2km。同时剔除不在兴趣区的网格单元。

表7.3 生成六边形网格的步骤

步骤	QGIS操作
1. 创建网格	（1）如果Processing Toolbox窗口未打开，则在标准工具栏中选择Processing，单击Toolbox。 （2）创建网格。在Processing Toolbox中找到QGIS geoalgorithms → Vector creation tools → Create a grid。

续表

步骤	QGIS操作

1. 创建网格	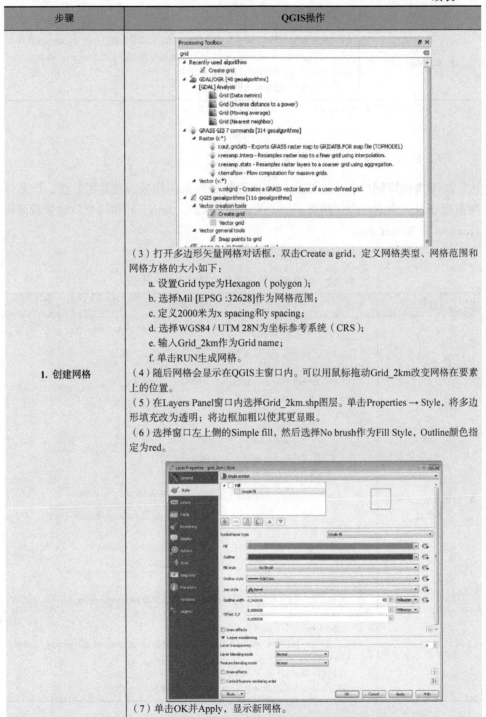
	（3）打开多边形矢量网格对话框，双击Create a grid，定义网格类型、网格范围和网格方格的大小如下：
	    a. 设置Grid type为Hexagon（polygon）；
	    b. 选择Mil [EPSG :32628]作为网格范围；
	    c. 定义2000米为x spacing和y spacing；
	    d. 选择WGS84 / UTM 28N为坐标参考系统（CRS）；
	    e. 输入Grid_2km作为Grid name；
	    f. 单击RUN生成网格。
	（4）随后网格会显示在QGIS主窗口内。可以用鼠标拖动Grid_2km改变网格在要素上的位置。
	（5）在Layers Panel窗口内选择Grid_2km.shp图层。单击Properties → Style，将多边形填充改为透明；将边框加粗以使其更显眼。
	（6）选择窗口左上侧的Simple fill，然后选择No brush作为Fill Style，Outline颜色指定为red。
	（7）单击OK并Apply，显示新网格。

续表

步骤	QGIS操作
2. 创建field字段	（1）在字段内计算每个网格方格的面积。如7.3.2.2节所述，在Grid_2km.shp属性表内单击 ▦ 使用Field calculator tool，然后创建新字段并命名为Grid_area，再选择Field calculator中的$area操作符计算面积并填充。 （2）保存编辑并退出编辑模式。

注：该表的彩色图参见 www.iste.co.uk/baghdadi/qgis4.zip，2020.10.23

7.3.2.4 计算各单元格的景观变量

接下来计算网格各单元格内树木的数量和黍米作物景观格局的数量，以此作为密度变量。为此，合并两类不同要素的数据 Grid_2km.shp 和两个目标景观图层 Tree.shp 和 Millet.shp。

计算每个网格单元的景观指标的步骤见表 7.4。

表 7.4 计算每个网格单元的景观指标的步骤

步骤	QGIS操作
1. 计算各单元内的树木数量	（1）Vector → Data Management Tools → Join attributes by location； （2）在join attribure对话框中，选择Grid_2km图层作为Target vector layer，Tree.shp图层作为join vector layer； （3）选择Intersects作为几何谓词； （4）由于需要统计各单元内的树木数量，因此选择Take summary of intersecting features，然后选择Sum； （5）输出文件命名为Tree_Grid.shp； （6）在Output table处选择Only keep matching records；

续表

步骤	QGIS操作
1. 计算各单元内的树木数量	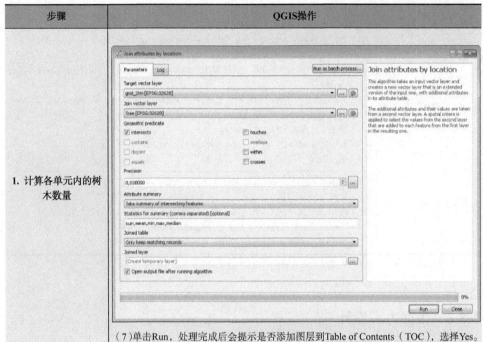 （7）单击Run，处理完成后会提示是否添加图层到Table of Contents（TOC），选择Yes。
2. 树木密度分类	（1）右键单击图层Tree_Grid.shp，选择Properties，也可以双击TOC中的图层名打开图层属性对话框； （2）在Layer Properties窗口中单击Style； （3）选择Graduated分级类型； （4）Column处选择COUNT，Color ramp处选择YlOrR，生成新的彩色地图； （5）Classes数设为3，分类方法选择Natural Breaks（Jenks）； 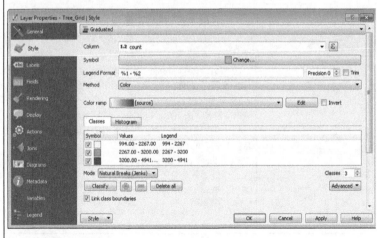 （6）单击OK，再单击Apply。

续表

步骤	QGIS操作
3. 计算黍米作物格局的数量	（1）和之前计算树木数量一样，Vector → Data Management Tools → Join attributes by location； （2）在对话框中，选择Grid_2km图层作为Target vector layer，Millet.shp图层作为join vector layer； （3）由于是统计各单元内的黍米斑数量，因此选择Take summary of intersecting features，然后选择Sum； （4）输出文件命名为Millet_Grid.shp； （5）在Output table中，选择Only keep matching records； （6）单击Run，开始处理。
4. 黍米作物格局密度的分类	（1）右键单击图层Millet_Grid.shp，选择Properties → Style； （2）选择Graduated分级类型； （3）Column处选择COUNT，color ramp处选择Greens，生成新的彩色地图； （4）Classes设为3，数据分级方法选择Natural Breaks（Jenks）； （5）单击OK，再单击Apply。

注：该表的彩色图参见 www.iste.co.uk/baghdadi/qgis4.zip，2020.10.23

7.3.3 采样方案设计

这一步中将两项景观指标分类的三个密度等级（类）组合成对（3×3密度类），形成由9种景观格局组成的网格图。

7.3.3.1 景观变量的组合

景观变量组合的步骤见表7.5。

表7.5 景观变量组合的步骤

步骤	QGIS操作

1. 根据树木密度等级赋值编码	（1）打开Tree_Grid.shp的属性表，单击 ▦ 显示Field calculator工具箱；
	（2）创建新字段，用于填写根据树木密度等级分配的编码；
	（3）单击 ✎ 激活Editing mode，然后单击 ▦ 创建新字段，输入 Cod_vgt作为输出字段名，选择Text（String）作为输出字段的数据类型；
	（4）执行查询语句，将低树木密度单元编码为vgt1，中树木密度单元编码为vgt2，高树木密度单元编码为vgt3；
	（5）在Field calculator窗口内，勾选Update existing file，选择要填充的目标字段Cod_vgt，输入如下所示的表达式：
	`CASE WHEN "count" >= 994 AND "count" <= 2267 THEN 'vgt1'`
	`WHEN "count" > 2267 AND "count" <= 3200 THEN 'vgt2'`
	`WHEN "count" > 3200 AND "count" <= 4941 THEN 'vgt3'`
	`END`

续表

步骤	QGIS操作
1. 根据树木密度等级赋值编码	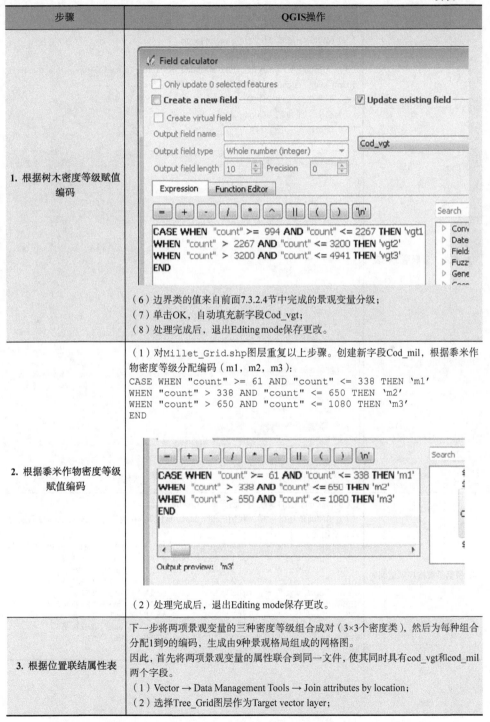 （6）边界类的值来自前面7.3.2.4节中完成的景观变量分级； （7）单击OK，自动填充新字段Cod_vgt； （8）处理完成后，退出Editing mode保存更改。

2. 根据黍米作物密度等级赋值编码	（1）对Millet_Grid.shp图层重复以上步骤。创建新字段Cod_mil，根据黍米作物密度等级分配编码（m1，m2，m3）：
	`CASE WHEN "count" >= 61 AND "count" <= 338 THEN 'm1'`
	`WHEN "count" > 338 AND "count" <= 650 THEN 'm2'`
	`WHEN "count" > 650 AND "count" <= 1080 THEN 'm3'`
	`END`
	
	（2）处理完成后，退出Editing mode保存更改。

3. 根据位置联结属性表	下一步将两项景观变量的三种密度等级组合成对（3×3个密度类），然后为每种组合分配1到9的编码，生成由9种景观格局组成的网格图。 因此，首先将两项景观变量的属性联合到同一文件，使其同时具有cod_vgt和cod_mil两个字段。 （1）Vector → Data Management Tools → Join attributes by location； （2）选择Tree_Grid图层作为Target vector layer；

续表

步骤	QGIS操作
3. 根据位置联结属性表	（3）Millet_Grid图层作为Join vector layer； （4）选择Equals作为几何谓词； （5）Attribute summary选择Take attributes of the first located feature，Joined table选择Only keep matching records； （6）不要选择统计操作符； （7）输出文件命名为Combi.shp； （8）单击Run，开始处理。 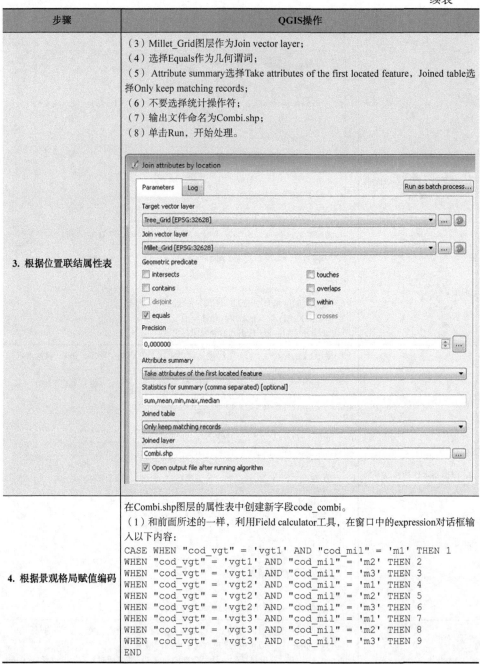

4. 根据景观格局赋值编码	在Combi.shp图层的属性表中创建新字段code_combi。
	（1）和前面所述的一样，利用Field calculator工具，在窗口中的expression对话框输入以下内容：
	`CASE WHEN "cod_vgt" = 'vgt1' AND "cod_mil" = 'm1' THEN 1`
	`WHEN "cod_vgt" = 'vgt1' AND "cod_mil" = 'm2' THEN 2`
	`WHEN "cod_vgt" = 'vgt1' AND "cod_mil" = 'm3' THEN 3`
	`WHEN "cod_vgt" = 'vgt2' AND "cod_mil" = 'm1' THEN 4`
	`WHEN "cod_vgt" = 'vgt2' AND "cod_mil" = 'm2' THEN 5`
	`WHEN "cod_vgt" = 'vgt2' AND "cod_mil" = 'm3' THEN 6`
	`WHEN "cod_vgt" = 'vgt3' AND "cod_mil" = 'm1' THEN 7`
	`WHEN "cod_vgt" = 'vgt3' AND "cod_mil" = 'm2' THEN 8`
	`WHEN "cod_vgt" = 'vgt3' AND "cod_mil" = 'm3' THEN 9`
	`END`

续表

步骤	QGIS操作
4. 根据景观格局赋值编码	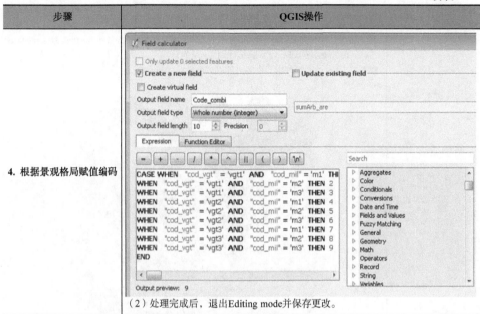 （2）处理完成后，退出Editing mode并保存更改。

注：该表的彩色图参见 www.iste.co.uk/baghdadi/qgis4.zip，2020.10.23

7.3.3.2 随机选择样本点

如7.2.2.1节所述，可以从获得的8类景观格局中随机选择采样点。在满足每个景观格局5个重采样点约束下，用QGIS的随机多边形选择工具选择了总共35个采样点，为每个景观格局类（共8类）指定了约5个重采样点。同时，还设定采样点之间的点间距离为2km，以避免空间相关性的影响。

随机选择采样点的步骤见表7.6。

表7.6 随机选择采样点的步骤

步骤	QGIS操作
1. 生成随机多边形	（1）单击Vector → Research Tool → Random selection within subsets；

续表

步骤	QGIS操作
1. 生成随机多边形	（2）设置Combi.shp为输入图层，ID_Field为Code_combi，random method为Number of selected features，number of selected features设为5； （3）单击Run，选择好的35个多边形以黄色显示，如下所示。
2. 提取并记录选择的多边形	右键单击Combi.shp图层，选择Save as…并给多边形选择结果命名为Sampling_poly.shp，然后勾选Save only selected features，单击OK。
3. 计算多边形质心	（1）点击Vector → Geometry tools → Polygon centroids打开质心属性表； （2）选择Sampling_poly.shp作为输入图层，并将输出文件命名为Sampling point.shp； （3）单击Run生成多边形质心（QGIS窗口中黄色的点）。

步骤	QGIS操作
3. 计算多边形质心	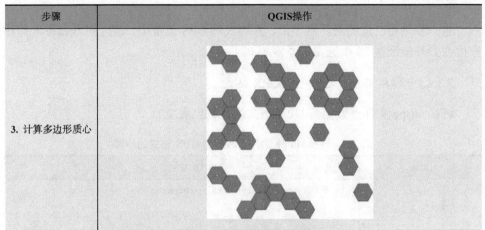
4. 为点数据添加X、Y坐标值	新建两个字段：X和Y，用于记录点的坐标。经度对应X，纬度对应Y。 （1）右键单击Sampling_points.shp，打开属性表； （2）打开Field calculator； （3）利用geometry中的$x和$y函数； （4）在field calculator中创建新字段Xcoord； 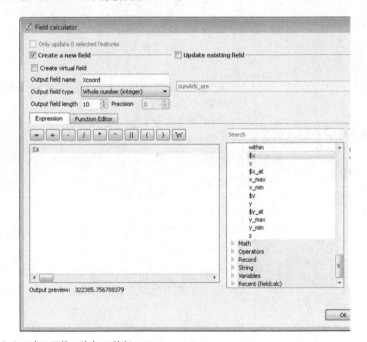 （5）双击$x函数，单击OK执行； （6）重复之前的步骤，利用$y函数生成Y坐标； （7）单击OK并保存。

注：该表的彩色图参见 www.iste.co.uk/baghdadi/qgis4.zip，2020.10.23

7.3.4 集成采样点到 GPS 设备

这一步是将已选的采样点导出,并导入到 GPS 设备中,通过树木和黍米作物密度在野外验证这 35 个选定的景观模式。

7.3.4.1 转换 shape 文件点为 GPX 格式

转换 shape 文件点数据为 GPX 格式的步骤见表 7.7。

表 7.7 转换 shape 文件点数据为 GPX 格式的步骤

步骤	QGIS操作
转换shape文件点为GPX格式	（1）双击Processing Toolbox中的Convert format; 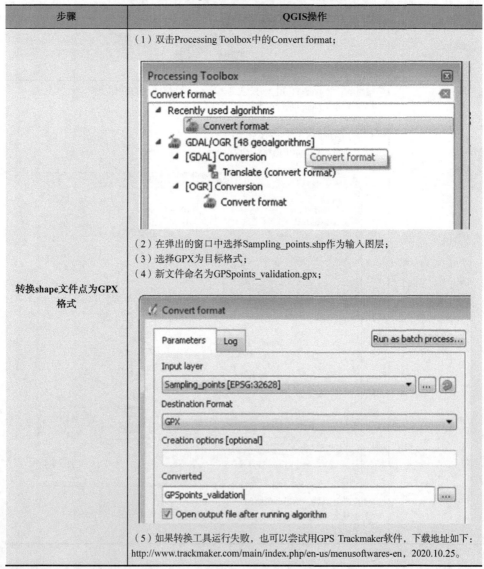 （2）在弹出的窗口中选择Sampling_points.shp作为输入图层; （3）选择GPX为目标格式; （4）新文件命名为GPSpoints_validation.gpx; （5）如果转换工具运行失败,也可以尝试用GPS Trackmaker软件,下载地址如下: http://www.trackmaker.com/main/index.php/en-us/menusoftwares-en,2020.10.25。

7.3.4.2 上传点数据到 GPS 设备

上传点数据到 GPS 设备的步骤见表 7.8。

表 7.8 上传点数据到 GPS 设备的步骤

步骤	QGIS操作
1. 加载GPX文件	（1）打开Vector/GPS/GPS Tools；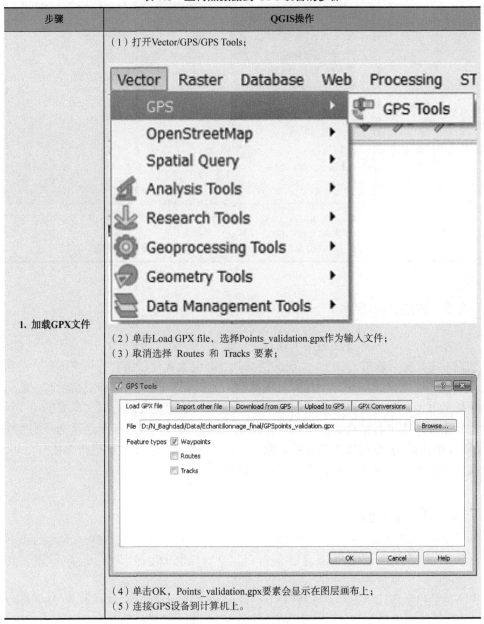 （2）单击Load GPX file，选择Points_validation.gpx作为输入文件； （3）取消选择 Routes 和 Tracks 要素； （4）单击OK，Points_validation.gpx要素会显示在图层画布上； （5）连接GPS设备到计算机上。

续表

步骤	QGIS操作
2. 导出点数据到GPS设备	（1）GPS Tools → Upload to GPS，将GPX文件导出，并导入到GPS设备。 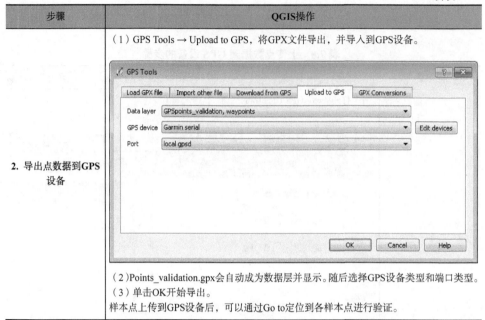 （2）Points_validation.gpx会自动成为数据层并显示。随后选择GPS设备类型和端口类型。 （3）单击OK开始导出。 样本点上传到GPS设备后，可以通过Go to定位到各样本点进行验证。

7.3.5 方法的不足

本章介绍的采样方法适用于景观变量较少（最多2个或3个）且易于使用GIS软件（比如免费软件QGIS）实现的情况。为避免景观变量组合的语义问题，变量个数也不应太多，同时应增加野外观测数。当需要考虑大量的环境变量时，统计领域的其他方法也许更加合适。Roux等[ROU 13]最近发表的一篇文章提出了一种在复杂环境中进行抽样方案简化（小地块）的方法。该方法基于连续选择的变量（研究中包括48个属性）和各种来源（环境、社会、经济）数据进行多成分分析，从而确定少量的样本，并选择最异质化的地点。

7.4 参考文献

[AJA 80] AJAYI O., "Insect Pests of Millet in Nigeria", Samaru Miscellaneous Paper, no. 97, p. 10, 1980.

[BIA 06] BIA F., BOOI J., TSCHARNTKE T., "Sustainable Pest Regulation in Agricultural Landscapes: A Review on Landscape Composition, Biodiversity and Natural Pest Control", Proceedings of the Royal Society of London B: Biological Sciences, vol. 273, no. 1595, pp. 1715-1727, 2006.

[BIL 13] BILLAND C., "Systèmes agroforestiers en zone sèche et régulation naturelle des insectes ravageurs des cultures: Analyse paysagère à partir d'une image satellite pour la mise au point d'un protocole d'échantillonnage dans la région de Dangalma au Sénégal, Mémoire d'ingénieur: Gestion des milieux naturels", AgroParisTech, p. 143, 2013.

[DES 09] DE SMITH M.J., GOODCHILD M.F., LONGLEY P.A., Geospatial Analysis, Matador, Leicester, UK, 2009.

[GAH 86] GAHUKAR R.T., GUEVREMONT H., BHATNAGAR V.S. et al., "A Review of the Pest Status of the Millet Spike Worm, Raghuva Albipunctella De Joannis (Noctuidae: Lepidoptera) and Its Management in the Sahel", International Journal of Tropical Insect Science, vol. 7, no. 4, pp. 457-463, 1986.

[GUE 82] GUEVREMONT H., Recherches Sur L'entomofaune Du Mil, Rapport annuel de Recherches, CNRA, 1982.

[JEN 15] JENSEN J.R., Introductory Digital Image Processing: A Remote Sensing Perspective, 3rd ed, Prentice Hall, New Jersey, 2015.

[KRA 95] KRALL S., YOUM O., KOGO S., "Panicle Insect Pest Damage and Yield Loss in Pearl Millet", Proceedings of an International Consultative Workshop on Panicle Insect Pest of Sorghum and Millet, ICRISAT Sahelian Centre, Niamey, Niger, 1995.

[LAN 77] LANDIS J., KOCH R.E.T., GARY G., "The measurement of observer agreement for categorical data", Biometrics, vol. 34, no. 1, pp. 159-174, 1977.

[LAN 00] LANDIS D.A., WRATTEN S.D., GURR G.M., "Habitat management to conserve natural enemies of arthropod pests in agriculture", Annual Review of Entomology, vol. 45, no. 1, pp. 175-201, 2000.

[NDO 79] NDOYE M., "L'entomofaune Nuisible Du Mil a Chandelle (Pennisetum Typhoides) Au Sénégal", Compte rendus des travaux : Congrès sur la Lutte Contre les Insectes en Milieu Tropical, 13-16 March, 1979.

[OTI 11] OTIENO M., WOODCOCK B.A., WILBY A. et al., "Local Management and Landscape Drivers of Pollination and Biological Control Services in a Kenyan Agro-Ecosystem", Biological Conservation, vol. 144, no. 10, pp. 2424-2431, 2011.

[ROU 13] ROUX E., GABORIT P., ROMAÑA C.A. et al., "Objective Sampling Design in a Highly Heterogeneous Landscape - Characterizing Environmental Determinants of Malaria Vector Distribution in French Guiana, in the Amazonian Region", BMC Ecology, vol. 13, no. 1, pp. 45-58, 2013.

[WIL 11] WILLIAM P., TAPSOBA H., BAOUA I.B. et al., "On-Farm Biological Control of the Pearl Millet Head Miner: Realization of 35 Years of Unsteady Progress in Mali, Burkina Faso and Niger", International Journal of Agricultural Sustainability, vol. 9, no. 1, pp. 186-193, 2011.

[YOU 98] YOUM O., OWUSU E.O., "Assessment of Yield Loss Due to the Millet Head Miner, Heliocheilus Albipunctella (Lepidoptera: Noctuidae) Using a Damage Rating Scale and Regression Analysis in Niger", International Journal of Pest Management, vol. 44, no. 2, pp. 119-121, 1998.

8

应用 RUSLE 方程构建侵蚀灾害模型

Rémi Andreoli

8.1 定义和背景

侵蚀过程包括地球表面沉积物所有的蠕动和传输机制,可以是物理或化学的机制。侵蚀因素可以是气象、氢化物、重力相关或人为因素。侵蚀灾害评估和管理对于解决经济(土壤的农艺性状、经济易损性)、环境(河道流量、生物多样性减少)和社会(饮用水供应、生活和货物风险)问题具有重要作用。

目前有许多侵蚀模型可以定性和定量描述侵蚀,可能包含或不包含空间维度上的处理。最常用的空间模型之一是基于通用土壤流失方程(USLE)的经验模型 [WIS 78],它具有以下优点:

(1) 利用已有的地理参数(气候、土地覆盖、地形);

(2) 可用 GIS 软件操作;

(3) 可适应研究领域的认知程度:可根据每个参数的有效性定量或定性利用领域知识;

(4) 可提供土壤流失的定量估计。

模型自首次发布以来一直在改进。改进的通用土壤流失方程(RUSLE)仍然基于同一方程,但改进了不同参数的获取方法。

8.2 RUSLE 模型

RUSLE 模型最初用于量化农业地块的土壤流失,提供了模型中每个单元格(或像素)内沉积物由于氢化过程(降雨和地表径流)产生的位移估计。土壤流失以[质量]·[表面单元]$^{-1}$·[时间周期]$^{-1}$ 表示,如 t/(hm^2·a)。

RUSLE 公式如下:

$$A = R \times K \times L \times S \times C \times P \tag{8.1}$$

其中，A 为土壤流失，以选定 R 因子的时间周期与 K 因子（[质量]·[面积]$^{-1}$）相同的单位表示。理论上土壤流失的范围为 0 到无穷大，实际上溅蚀和片蚀对应的 A 值为 0～5t/（hm^2·a）之间，洞穴（Lavakas[①]）内部的侵蚀或沟蚀则很容易超过 1000t/（hm^2·a）；R 为降雨侵蚀性因子，取值范围为 0 到无穷大；热带气候条件下，R 因子值可达到 1500~1900 MJ·mm/（hm^2·h·a），甚至可以超过 3000 MJ·mm/（hm^2·h·a）[DUM 10a]；K 为土壤侵蚀性，可通过实验得到，表示单位面积单个降雨单元的土壤流失能力（以 t 为单位），K 的取值通常为 0 到 0.7（t·acre·a）/（hm^2·MJ·mm）；L 是以长度单位表示的坡长；S 为坡度，为方便起见，S 和 L 联合起来作为唯一的 LS 因子估计，LS 为无量纲因子，取值范围为 0 到无穷大；C 为植被覆盖因子，为无量纲因子，取值范围为 0 到 1；P 为定性描述农业和土壤保护实践，也是无量纲因子，取值范围为 0～1。

RUSLE 模型中的六个参数可直接根据以下数据获得或估计：

（1）降雨——R 因子；

（2）数字高程模型（DEM）——LS 因子；

（3）土地利用和土地覆盖数据库——K、C、P 因子。

RUSLE 模型实现包括以下三个主要步骤（图 8.1）：

（1）数据预处理，包括数据重投影、裁剪兴趣区数据，以及改正部分属性和栅格化；

（2）根据理论公式或属性赋值规则估算指标；

（3）使用式（8.1）估算土壤流失。

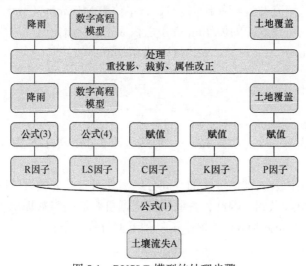

图 8.1 RUSLE 模型的处理步骤

[①] Lavaka 是马达加斯加(Malagasy)语，意为"洞穴"。地貌学中广泛用来描述红壤性土中生成的蛋状深沟系。

8.2.1 气候因子：降雨侵蚀性 R

降雨侵蚀性（图 8.2）是确定降雨事件对土壤位移影响能力的因子。因此计算 R 需要考虑到总降雨量和能引起土壤位移的降雨峰值。

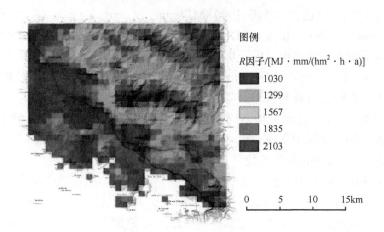

图 8.2 R 因子

丹贝阿-新喀里多尼亚（Dumbéa–New Caledonia）（166.3478°W, 22.0652°S）地区的侵蚀性降雨，单位 MJ·mm/（hm²·h·a）。该图的彩色版本（英文）参见 www.iste.co.uk/baghdadi/qgis4.zip

基于 30 年的降雨记录，Wischmeier 和 Smith [WIS 78]认为侵蚀性降雨不只与强降雨事件强度有关，它还会受到中强度降雨累积效应的影响。因此，他们认为在降雨期间发生的土壤流失量与降雨总能量[E, 单位为 MJ·mm/（hm²·h·period）]和 30 分钟最强降雨（I_{30}，单位为 mm/h）之积成正比。给定时间段内的侵蚀性降雨 R[单位为 MJ·mm/（hm²·h·period）]模型如下：

$$R = \frac{\sum_{i=1}^{j}(EI_{30})_i}{N} \quad (8.2)$$

其中，$(EI_{30})_i$ 为事件 i 对应的 EI_{30}；j 为降雨事件的次数；N 为计算周期（一个月、一年、数十年等）。

然而，使用该公式评估侵蚀的空间分区需要对整个兴趣区的降雨量进行精确测量，这常常很难做到。因此，一些学者根据可获取的参数提出了几种近似表示 R 因子的方法。Roose[ROO 77]提出了一种近似方程如下：

$$R = k \times P \times 0.5 \quad (8.3)$$

其中，P 为年降水量，单位为 MJ·mm/（hm²·h·a）；k 为调整系数，本章指定 k 值为 1.73[DUM 10a]。

8 应用 RUSLE 方程构建侵蚀灾害模型

根据平均年降水量估算侵蚀性降雨的 QGIS 功能如下。
- 栅格计算器：Raster → Raster calculator…

8.2.2 地形因子：坡长和坡度

地形上的坡长 L 和坡度 S 都会因降雨侵蚀过程影响到土壤的敏感性，虽然最初它们是独立估算的，但使用唯一的 LS 因子更方便[WIS 78]。

目前已研发了一些 LS 因子估计算法[DES 96; MOO 89; MOO 91; PAN 91; TAR 05; WIS 78]。有些公式考虑了 DEM 每个点的上游坡长[WIS 78]（图 8.3），之后，GIS 软件中更通用的公式代替了使用模型每个点上游有贡献区域的坡长。两种公式的差异源于应用了不同的选定系数，以更好地反映研究区域的地形（平原、高原、丘陵、山脉）。

在地形复杂的地区（由高原、梯田和山脉混合组成），如新喀里多尼亚，[MOO 89]提出的公式更好地考虑了水流的汇聚和发散（图 8.4），LS 因子定义如下：

$$LS = \left[\frac{A_S}{22.13}\right]^n \left[\frac{\sin\beta}{0.0896}\right]^m \tag{8.4}$$

其中 $n = 0.4$，$m = 1.3$，A_S 为每个像素 S 的上游有贡献区域，β 是以度为单位的坡度。

计算 LS 因子的 SAGA 功能如下。
- 工具：Hydrology → LS Factor, Field based…

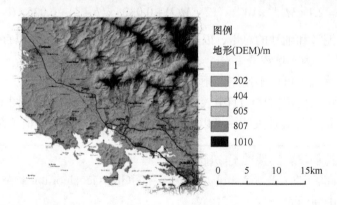

图 8.3 丹贝阿-新喀里多尼亚（166.3478°W, 22.0652°S）地区的数字高程模型（DEM）
该图的彩色版本（英文）参见 www.iste.co.uk/baghdadi/qgis4.zip, 2020.10.23

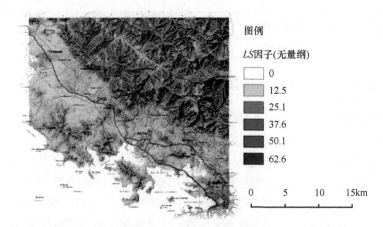

图 8.4　丹贝阿-新喀里多尼亚（166.3478°W, 22.0652°S）地区的 LS 因子（L 为坡长，S 为坡度）
该图的彩色版本（英文）参见 www.iste.co.uk/baghdadi/qgis4.zip，2020.10.23

8.2.3　土壤类型和土地覆盖因子

8.2.3.1　土壤可蚀性：K 因子

土壤可蚀性为土壤对侵蚀的敏感性。土壤流失潜力取决于基质类型、土壤凝聚力、土壤颗粒大小和成土作用。

Wischmeier 等[WIS 71]提出了一种基于诺谟图（nomograph）[①]的 K 因子估计预测法，包括颗粒大小、土壤有机质含量、土壤质地和渗透性。该诺谟图基于以下方程：

$$K = 2.1 \times M^{1.14} \times 10^{-6} \times (12 - MO) + 0.0325 \times (b - 2) + 0.025 \times (c - 3) \quad (8.5)$$

其中，M 为泥沙和细沙的总量，以百分数表示；MO 为有机质，以百分数表示；b 为土壤质地；c 为土壤渗透率。

计算土壤流失可以不使用降雨模拟或[WIS 78]提出的估计方法通过野外测量完成，通常可以使用[STO 11]中表格的经验值。在土壤图或地质图上，通过将土壤属性和 K 值进行属性关联，可以得到与土壤类型对应的经验值（图 8.5）。

> 基于已有属性创建新属性的 QGIS 功能如下。
> - 计算新属性：Processing toolbox → QGIS Geoalgorithms → Vector table tools → Field calculator…

[①] 诺谟图是一种由曲线网组成的图形工具，其中每条曲线对应一个参数。通过诺谟图可以不需要计算，而是通过图形估计找到值。

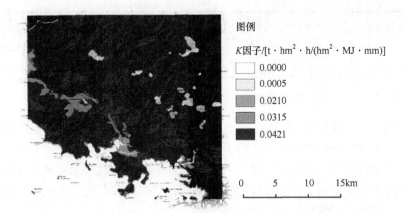

图 8.5　丹贝阿-新喀里多尼亚（166.3478°W，22.0652°S）地区描述土壤可蚀性的 K 因子

K 因子的单位为 $t \cdot hm^2 \cdot h / (hm^2 \cdot MJ \cdot mm)$。该图的彩色版本（英文）参见 www.iste.co.uk/baghdadi/qgis4.zip，2020.10.23

8.2.3.2　植被覆盖：C 因子

C 因子描述了植被对土壤颗粒的固定作用[WIS 78]以及植被和作物周期的影响。C 因子开始用规定条件下农田的土壤流失与连续休耕条件下相似农田的土壤流失之比计算[REN 97]，其值域为[0, 1]（图 8.6）。

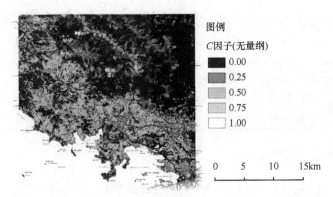

图 8.6　丹贝阿-新喀里多尼亚（166.3478°W，22.0652°S）地区的植被覆盖 C 因子

该图的彩色版本（英文）参见 www.iste.co.uk/baghdadi/qgis4.zip，2020.10.23

考虑到自然环境，C 因子类似植被覆盖土壤的程度。因此，针对不同植被覆盖的土壤，其土壤流失潜力的变化应该进行调整（从裸露土壤到高密度植被覆盖的土壤）[REN 97]。

某些现有的 C 因子估计方法使用遥感影像和植被指数（NDVI、植被覆盖度）计算，或根据土地覆盖图估计平均植被覆盖。本章使用后一种方法，为每种土地利用类型关联一个植被覆盖估计值。

> 基于现有属性创建新属性的 QGIS 功能如下。
> - 计算新属性：Processing toolbox → QGIS Geoalgorithms → Vector table tools → Field calculator…

8.2.3.3 土壤保持实践：P 因子

P 因子与土壤保持的实践有关，描述了特定耕作实践的效果。这些耕作实践的目标是减少径流速度和流量，降低侵蚀造成的影响。

P 因子定义为，在给定土壤保持实践条件下的土壤流失与坡地上种有成行农作物条件下的土壤流失之比，取值范围为[0，1]。其大小通常可从耕作实践的对应表格（表8.1）获取。

表 8.1 P 因子的对应表格示例[STO 11]

保护实践	P 因子
上下坡	1.0
横坡	0.75
等高种植	0.50
带状种植，横坡	0.37
带状种植，等高	0.25

估计 P 因子依赖于先验知识及兴趣区耕作实践相关的数据库。在自然条件下，P 因子设置为 1[DUM 10a; PAY 12]。

> 基于现有属性创建新属性的 QGIS 功能如下。
> - 计算新属性：Processing toolbox → QGIS Geoalgorithms → Vector table tools → Field calculator…

8.2.4 估计土壤流失 A

估计土壤流失 A 可以用式（8.1）和前面提到的参数。A 的单位取决于 R 和 K 因子的单位，因子 L、S、C 和 P 都是无量纲因子。

根据式（8.3），R 因子的单位为 $MJ \cdot mm / (hm^2 \cdot h \cdot a)$，而 K 因子的单位因使用情形不同而有差异。A 因子的单位可表示为{([质量]·[面积]·[周期])/([面积]·[能量]·[降雨])}。特别要注意应满足以下两点要求：

（1）K 因子的周期单位与 R 因子分母的周期单位应一致；

（2）K 因子的能量单位与 R 因子的能量单位应一致。

如果不满足以上两点要求，就应该进行因子单位转换。在本案例研究中，K 因子的单位为 $(t \cdot hm^2 \cdot a)/(hm^2 \cdot MJ \cdot mm)$，因此土壤流失 A 的单位为 $t/(hm^2 \cdot a)$。

> 变换 R 和 K 因子单位的 QGIS 功能如下。
> - 栅格计算器：Raster → Raster calculator…
>
> 变换 A 因子单位的 QGIS 功能如下。
> - 栅格计算器：Raster → Raster calculator…

8.2.5 方法的局限性

使用 RUSLE 方程进行侵蚀建模应该考虑使用的方法及每个参数的局限性：

（1）选择 RUSLE 方程通常需要考虑在所选区域内空间参数的可用性。

（2）使用 RUSLE 构建的侵蚀模型中，土壤流失估计以 $t/(hm^2 \cdot a)$ 为单位。如果侵蚀模型使用了未经正确校准的参数，或模型结果未经过野外测量对比验证，则最好将结果作为相对或定性的侵蚀风险评估（由弱到强的侵蚀）。

（3）确定某些模型参数，如 P 因子的准确值可能非常困难。

（4）使用的参数（土壤图、地形、土地利用）通常具有不同的尺度和精度，可能导致与最弱精度空间参数相关的结果不准确。

（5）式（8.1）中各参数权重相同，然而，由于当地条件不同，部分参数的权重可能比其他参数的权重更高。

然而，与野外观测相比，RUSLE 模型可以反映出侵蚀区位置的相关性，也支持比较站点间和不同时序监测的差异。

8.3 RUSLE 模型的实现

本节介绍新喀里多尼亚（New Caledonia）丹贝阿（Dumbéa）地区 RUSLE 模型的实现和应用。该地区有一个海拔最高 1200m 的山脉，因径流影响而遭受严重侵蚀。山区以山麓冰川为界，其后是新喀里多尼亚格朗德特尔岛（Grande Terre）的西部大潟湖（West Great Lagoon）沿海平原。

8.3.1 软件和数据

8.3.1.1 软件

实现用到的栅格处理和矢量分析功能由 OSGeo4W 软件套件提供，包括 QGIS[1]版本 2.18 和 SAGA[2]GIS 版本 2.3.1.1（长期发布版本）[LAC 17]（图 8.7）。

---

[1] QGIS 是使用 GNU 公共许可证发布的用户友好型 GIS 软件，也是开源地理空间基金会(OSGeo)的官方项目 [QGI 17]。

[2] SAGA 是使用 GPL 许可证发布的开源 GIS 软件，致力于地理科学分析[CON 15]。

OSGeo4W 安装程序可从链接 https://www.qgis.org/fr/site/forusers/download.html（或者 https://www.qgis.org/en/site/forusers/download.html，2020.10.25，译者注）下载。

图 8.7　QGIS v2.18 和 SAGA GIS v2.3.1.1 软件

数据分析也可用其他相似软件，如 ArcGIS、Idrisi、GRASS 或 ERDAS Imagine 完成。

8.3.1.2　数据输入

实现时用到 K 因子矢量文件（facteur_k_dumbea.shp），来源于新喀里多尼亚的土壤图[LAT 78]，其中 k 值根据[DUM 10a]的 k 表格估算。参考坐标系为 RGNC91-93，Lambert NC 投影。

气候数据根据世界气候降雨数据提供的全球降雨模型提取[HIJ 05]。

实现所需的其他数据集可从新喀里多尼亚地理网络服务器（https://georep.nc/，2020.10.25）下载。数据按照"知识共享许可证"（creative commons）（每个数据集的使用条件在其元数据中描述）发布：

（1）10m 分辨率的新喀里多尼亚 DEM。

（2）2008 年建成的新喀里多尼亚土地覆盖数据库。符合新喀里多尼亚实际情况的分类包括 4 大类共为 19 小类，是卫星影像分析半自动化处理的结果，因此并不是绝对有效。分类验证的 Kappa 系数为 75.5%[DTS 08]。

（1）下载世界气候降雨数据。

数据可从 WorldClim 官方网站下载。这里选择 30s 分辨率的降雨文件（单位：mm）。

文件名：wc2.0_30s_prec.zip。

链接：http://worldclim.org/version2（更正为 https://www.worldclim.org/，2020.10.25，译者注）。

文件大小：978Mb。

（2）下载 DEM。

DEM 可从新喀里多尼亚地理网服务器下载，该文件是 TIF 格式的陆地 DEM，分辨率为 10m，参考坐标系为 RGNC91-93。

文件名：mnt10NC_RGNC9193_LAMBERTNC.zip。

链接：http://www.geoportal.gouv.nc/geoportal/catalog/search/resource/details.page?

uuid=%7B210E58EC-B775-43EC-AEB9-55738689244B%7D，2020.10.25。

文件大小：108Mb。

（3）下载土地覆盖数据。

土地覆盖分类是利用2006~2008年SPOT卫星影像进行半自动处理的结果，包含四大类：水和红树林、城市地区、火山和沉积岩上的植被、超基性岩上的植被[DTS 08]，进一步细分为19小类。土地覆盖数据库以shapefile格式提供，参考坐标系为RGNC91-93。

文件名：occupation_du_sol_2008_SPOT5_approche_objet_shapefile.zip。

链接：http://www.geoportal.gouv.nc/geoportal/catalog/search/resource/details.page?uuid=%7B44E58684-49BA-4F60-AFB7-BB24464FF4B4%7D，2020.10.25。

文件大小：71.6Mb。

8.3.2 计算 R 因子

压缩的 WorldClim 文件包含 12 个 GeoTIF 文件，其名称为 wc2.0_30s_prec_m，m 从 1 到 12，对应每月平均降水量。

文件涵盖了全世界的数据，参考坐标系为 WGS84。由于其投影与其他数据集不同，因此需要进行投影变换。

8.3.2.1 计算年均降水量 P

年均降水量是指模型各网格的平均降水量（单位：mm），实现时年均降水量按月均降水量累加计算，公式如下：

$$P = \sum_{i=1}^{12} P_i \tag{8.6}$$

其中，P_i 为第 i 月的平均降水量。

计算年均降水量的步骤见表 8.2。

表 8.2 计算年均降水量的步骤

步骤	QGIS操作
1. 打开12个月平均降水量文件	运用QGIS： 打开栅格文件 ： （1）wc2.0_30s_prec_01.tif； （2）wc2.0_30s_prec_02.tif； （3）… （4）wc2.0_30s_prec_12.tif。

续表

步骤	QGIS操作
2. 文件检验	运用QGIS： （1）验证数据的显示（叠加，渲染）。 （2）如有必要，可以检查每个图层的元数据。右键单击图层。选择properties，单击 ⓘ 标签。
3. 计算年均降水量	在菜单栏中： 单击Raster → Raster Calculator… 在Raster Calculator中： （1）输入以下表达式： "wc2.0_30s_prec_01@1"+"wc2.0_30s_prec_02@1"+ "wc2.0_30s_prec_03@1"+"wc2.0_30s_prec_04@1"+ "wc2.0_30s_prec_05@1"+"wc2.0_30s_prec_06@1"+ "wc2.0_30s_prec_07@1"+"wc2.0_30s_prec_08@1"+ "wc2.0_30s_prec_09@1"+"wc2.0_30s_prec_10@1"+ "wc2.0_30s_prec_11@1"+"wc2.0_30s_prec_12@1" （2）文件另存为Worldclim_p_annuelles_4326.tif。 结果为栅格文件，像素值为0~11256。 该图的彩色版本参见www.iste.co.uk/baghdadi/qgis4.zip，2020.10.23 计算过程可能会花费几分钟。

8.3.2.2　年均降水量图的投影变换和裁剪

年均降水量是全球统一计算的，参考坐标系为WGS84。文件大小也可能会影响计算效率。另外，该参考坐标系与其他数据集使用的参考坐标系不同，实际上新喀里多尼亚数据集使用的参考坐标系为RGNC91-93（EPSG:3163）。

因此，年均降水量图应该进行重投影和根据数据集区域裁剪（表 8.3）。所有数据集的地理交集对应 shapefile 图层 facteur_k_dumbea.shp。

表 8.3　年均降水量图的重投影和裁剪的步骤

步骤	QGIS操作
1. 文件检验	运用QGIS： （1）打开之前创建的文件： Worldclim_p_annuelles_4326.tif； （2）打开shapefile： facteur_k_dumbea.shp； （3）确保QGIS即时地图重投影功能已经启动，可以查看图层的叠加。
2. 创建用于裁剪的掩膜	在菜单栏中： （1）单击Vector → geoprocessing tools → Convex hull（s）… （2）选择facteur_k_dumbea.shp作为输入图层； （3）字段选项为默认值[not set]； （4）选择方法Create single minimum convex hull； （5）在Convex hull处，指定输出名称为masque.shp； （6）单击OK； （7）检查创建的文件。
3. 裁剪GeoTIF文件	在菜单栏中： （1）单击Raster → Extraction → Clipper… （2）选择Worldclim_p_annuelles_4326.tif作为输入文件； （3）指定输出文件为Worldclim_p_annuelles_4326_clip.tif； （4）在Clipping mode部分，将Mask layer设为之前创建的masque.shp； （5）勾选Crop the extent of the target dataset to the extent of the cutline； （6）激活选项Keep resolution of input raster；

续表

步骤	QGIS操作
3. 裁剪GeoTIF文件	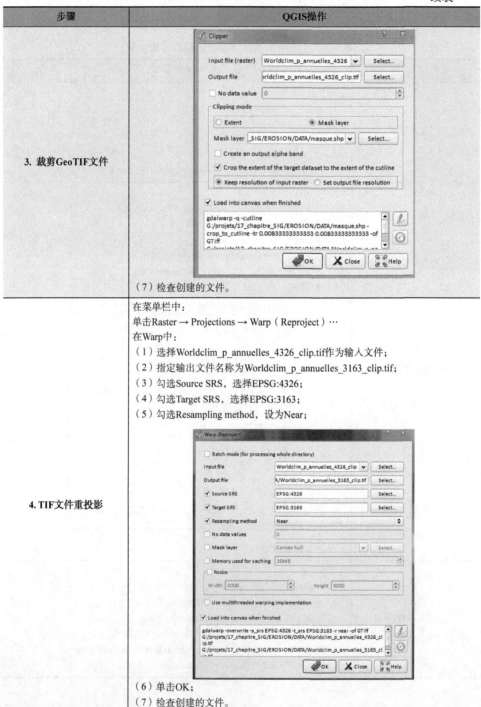 （7）检查创建的文件。
4. TIF文件重投影	在菜单栏中： 单击Raster → Projections → Warp（Reproject）… 在Warp中： （1）选择Worldclim_p_annuelles_4326_clip.tif作为输入文件； （2）指定输出文件名称为Worldclim_p_annuelles_3163_clip.tif； （3）勾选Source SRS，选择EPSG:4326； （4）勾选Target SRS，选择EPSG:3163； （5）勾选Resampling method，设为Near； （6）单击OK； （7）检查创建的文件。

8.3.2.3 计算降雨侵蚀性 R 因子

降雨侵蚀性 R 因子可根据式（8.3）计算，即根据重投影和按兴趣区裁剪后的年均降水量计算，步骤见表 8.4。

表 8.4 计算降雨侵蚀性因子的步骤

步骤	QGIS操作
1. 文件检验	在QGIS中： 打开之前创建的文件： Worldclim_p_annuelles_3163_clip.tif。
2. 计算R因子	在菜单栏中： 单击：Raster → Raster Calculator⋯ 在Raster Calculator中： （1）输入以下表达式： 1.73 *"Worldclim_p_annuelles_3163_clip@1"*0.5 （2）文件保存为facteur_r_3163.tif。 结果为栅格文件，其值为953到2383。 R因子/[MJ・mm/(hm²・h・a)] 1030 1299 1567 1835 2103 0　5　10　15km 该图的彩色版本参见www.iste.co.uk/baghdadi/qgis4.zip，2020.10.23

8.3.3 计算 LS 因子

LS 因子使用 SAGA GIS 软件计算。为优化数据处理过程，先使用 QGIS 对 DEM 进行裁剪。

8.3.3.1 裁剪兴趣区 DEM

DEM 的裁剪过程和 8.3.2.2 节一样，但是 DEM 参考坐标系已经是 RGNC91-93，所以无须进行重投影（表 8.5）。

表 8.5 裁剪兴趣区 DEM 的步骤

步骤	QGIS操作
1. 文件检验	在QGIS中： （1）打开文件： mnt10_rgnclambert.tif； （2）打开shapefile： masque.shp； （3）确保QGIS即时地图重投影功能已经启动，可以查看图层的叠加。
2. 裁剪GeoTIF文件	在菜单栏中： 单击：Raster → Extraction → Clipper… 选择文件mnt10_rgnclambert.tif作为输入文件 （1）输出文件命名为mnt10_rgnclambert_clip.tif； （2）在Clipping mode部分，Mask layer设为之前创建的masque.shp； （3）选择Crop the extent of the target dataset to the extent of the cutline； （4）选择Keep resolution of input raster； （5）检查创建的文件。

8.3.3.2 SAGA GIS 界面

为计算 LS 因子，从计算机开始菜单中打开 SAGA GIS。
SAGA 界面（图 8.8）由以下部分组成：

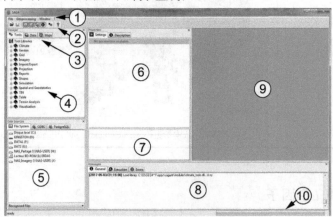

图 8.8 SAGA GIS 界面

① 菜单栏；

② 管理界面的图标栏（从左到右依次为打开文件，保存项目，隐藏管理窗口，隐藏属性窗口，隐藏数据源窗口，隐藏消息控制台，查找并启动算法，帮助）；

③ 管理窗口的选项卡：工具、数据和地图；

④ 管理窗口：可访问管理窗口各部分的管理功能（工具箱、管理已打开的数据、管理地图）；

8 应用 RUSLE 方程构建侵蚀灾害模型

⑤ 数据源管理窗口：三个选项卡对应三种访问类型：浏览文件树、ODBC 连接数据库、连接 PostgresSQL 数据库；

⑥ 属性窗口：管理工具、数据和地图属性，根据使用的工具或数据/地图，可查看不同的选项卡；

⑦ 算法管理窗口：调整算法参数、恢复默认设置、启动算法，以及保存具体设置；

⑧ 消息控制台：在通用、执行和错误选项卡中显示消息和应用日志；

⑨ 地图窗口，用于地图可视化；

⑩ 进度条。

与 GRASS 一样，SAGA 根据边界和分辨率对数据进行分组。这样，导入软件的数据就会出现在管理窗口的数据（data）选项卡中，如下所示：

数据
└ 网格
　└ 像素大小；x、y 像素数；网格西南点坐标
（ex: 10; 3000x 3000y; 420286.925218x 219397.144291y）

如果同时导入了不同大小的栅格，则将以各自的网格显示。此外，SAGA 中两个栅格处理需要保证其网格相同，因此其分辨率和空间范围都必须一致。

8.3.3.3 导入 DEM 到 SAGA 中

利用数据源管理窗口的快速数据访问程序导入之前裁剪的兴趣区 DEM（表 8.6）。

表 8.6 导入 DEM 到 SAGA 的步骤

步骤	QGIS操作
快速数据导入	在SAGA中： （1）在数据访问窗口内，选择裁剪的兴趣区DEM：mnt10_rgnclambert_clip.tif 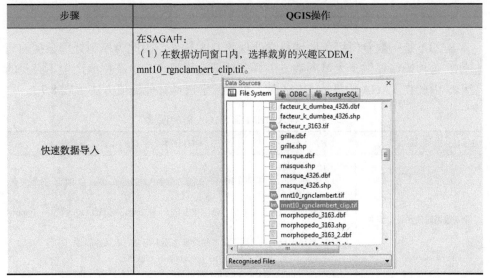

续表

步骤	QGIS操作
快速数据导入	（2）双击文件。 （3）在管理窗口的数据（Data）选项卡内检查文件是否成功导入。 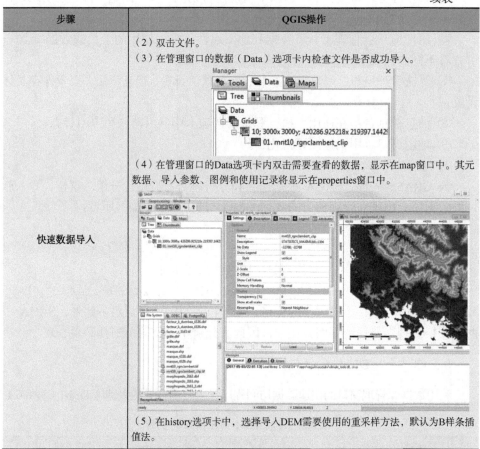 （4）在管理窗口的Data选项卡内双击需要查看的数据，显示在map窗口中。其元数据、导入参数、图例和使用记录将显示在properties窗口中。 （5）在history选项卡中，选择导入DEM需要使用的重采样方法，默认为B样条插值法。

SAGA是一款专门用于地球科学处理的GIS软件，因此为控制处理数据的完整性，每种操作提供了大量参数。B样条插值会导致DEM高程值产生不必要的变形。因此在SAGA中导入DEM时，更倾向于选择其他插值方法（表8.7）。

表8.7 导入DEM到SAGA时的设置

步骤	QGIS操作
导入数据时使用特定设置	在SAGA中： （1）右键单击data标签页的网格，关闭之前导入的DEM，软件会询问是否想要删除数据，选择yes； （2）在管理窗口的工具栏中，依次单击Import/Export → GDAL/OGR → Import Raster； （3）选择导入栅格后，属性窗口的设置选项卡内会显示具体属性； （4）在File部分，选择文件mnt10_rgnclambert_clip.tif； （5）Resampling选择Bilinear Interpolation；

步骤	QGIS操作
导入数据时使用特定设置	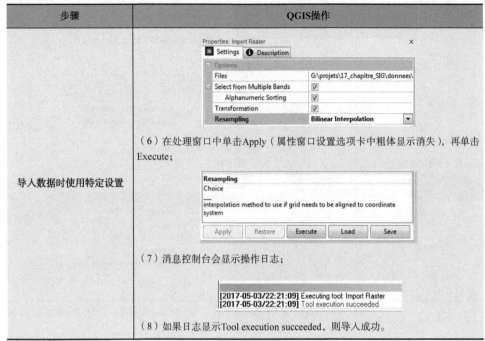 （6）在处理窗口中单击Apply（属性窗口设置选项卡中粗体显示消失），再单击Execute； （7）消息控制台会显示操作日志； （8）如果日志显示Tool execution succeeded，则导入成功。

8.3.3.4　计算 *LS* 因子

LS 因子参数来源于 DEM，用于水文和地形分析。SAGA 在管理窗口的工具（Tools）选项卡中按专题对算法进行了分组。计算 *LS* 因子的步骤见表 8.8。

表 8.8　计算 *LS* 因子的步骤

步骤	QGIS操作
1. *LS*因子算法设置	在SAGA中： （1）单击管理窗口的Tools选项卡； （2）单击Terrain Analysis → Hydrology，选择LS-Factor, Field based算法； （3）在属性窗口的Description选项卡内，可以看到算法的完整信息，包括算法作者，简要描述，参考文献和各项设置简介等； （4）在属性窗口的Settings选项卡内，选择与之前导入的DEM相符的网格； （5）在>>Elevation处选择图层mnt10_rgnclambert_clip； （6）Upslope Length Factor、Effective Flow Length和Upslope Slope默认为<not set>； （7）检查<< LS Factor是否为<create>； （8）Fields和Sediment balance默认为<not set>； （9）检查LS Calculation方法是否为Moore & Nieber 1989，该方法对应式(8.4)；

续表

步骤	QGIS操作
1. LS因子算法设置	（10）Type of Slope、Specific Catchment Area和Stop at Edge为默认值。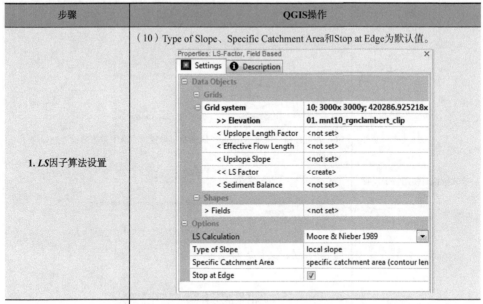
2. LS运算和结果检验	（1）在流程管理窗口中单击Apply（属性窗口设置选项卡中粗体显示消失），再单击Execute； （2）消息控制台会显示操作日志； 2017-05-03/22:45:07] Executing tool: LS-Factor, Field Based 2017-05-03/22:45:21] Tool execution succeeded （3）如果日志显示Tool execution succeeded，则LS计算完成； （4）在管理窗口的data选项卡中，双击新创建的图层查看结果，计算得到的LS因子作为新图层添加到了DEM网格中；

步骤	QGIS操作
2. LS 运算和结果检验	（5）检验History选项卡中的重采样方法，其默认为B样条插值； （6）结果为栅格图像，其值为 $3.2 \times 10^{-7} \sim 355.96$； 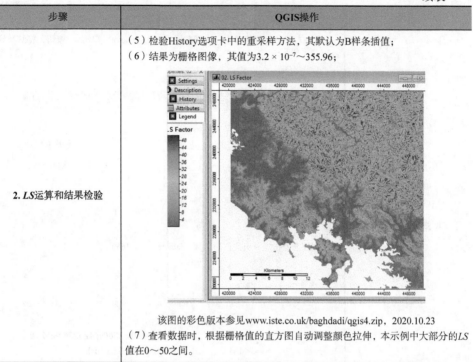 该图的彩色版本参见www.iste.co.uk/baghdadi/qgis4.zip，2020.10.23 （7）查看数据时，根据栅格值的直方图自动调整颜色拉伸，本示例中大部分的 LS 值在 $0 \sim 50$ 之间。

8.3.3.5 从 SAGA 导出数据

SAGA 执行算法时会创建临时图层。当保存项目或输出数据到其他软件时图层会自动保存。接下来的土壤流失计算需要使用 QGIS 的 RUSLE 模型，所以需要将 LS 因子以 QGIS 兼容的格式导出（表 8.9）。

表 8.9 从 SAGA 导出数据的步骤

步骤	QGIS操作
1. 数据导出设置	在SAGA中： （1）单击管理窗口 >Tools选项卡，找到 Import/Export → GDAL/OGR，选择Export GeoTIFF。 （2）在属性窗口的设置选项卡中： a. 选择DEM对应的网格系统。 b. 单击右侧的…按钮，指定输出结果为>>Grid（s）。

续表

步骤	QGIS操作
1. 数据导出设置	c. 在打开的选择窗口中，选择左侧的02.LS Factor，单击 > 按钮，将其转到右侧。 d. 单击OK。 （3）在File处指定导出文件的名称：facteur_LS_3163.tif。
2. 输出并检查结果	（1）在处理管理窗口中单击Apply（属性窗口设置选项卡中的粗体显示消失），再单击Execute； （2）消息控制台显示操作日志； [2017-05-03/23:07:33] Executing tool: Export GeoTIFF [2017-05-03/23:07:34] Tool execution succeeded （3）如果日志显示Tool execution succeeded，说明处理完成。

SAGA 软件并不包含所有的 QGIS 投影库，并且导出文件的投影可能无法被

QGIS 很好地识别，CRS RGNC91-93 就属于这种情况。因此必须在 QGIS 中为 SAGA 导出的 *LS* 文件重新定义该投影（表 8.10）。

表 8.10 为 *LS* 文件重新定义投影的步骤

步骤	QGIS操作
1. 文件检验	在QGIS中： （1）打开之前创建的文件： facteur_LS_3163.tif； （2）文件元数据（属性，🔧标签）中，若CRS为（USER:10000…），则转到2； （3）如果投影为EPSG:3163 - RGNC91-93 / Lambert New Caledonia，则直接到下一步（8.3.4.节）。
2. 指定为RGNC91-93/Lambert New Caledonia 投影	在菜单栏中： （1）单击Raster → Projections → Assign projection… （2）选择文件facteur_LS_3163.tif； （3）选择Desired CRS：EPSG:3163；  （4）单击OK； （5）处理完成后，第二个facteur_LS_3163.tif文件会显示在图层列表中，关闭这两个同名文件； （6）QGIS已经在同文件夹中生成了facteur_LS_3163.tmp作为源文件，删除facteur_LS_3163.tif并将facteur_LS_3163.tmp文件的扩展名替换为tif；

续表

步骤	QGIS操作
2. 指定为RGNC91-93/Lambert New Caledonia 投影	（7）打开新文件：facteur_LS_3163.tif； （8）在属性窗口中检查投影数据，结果为栅格，其值为0～356。 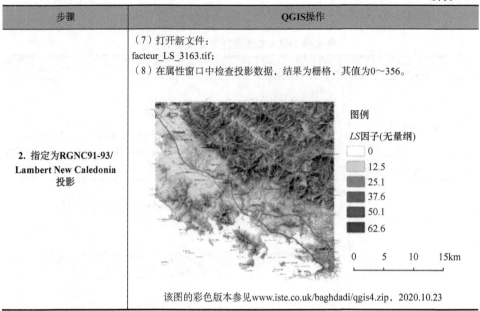 该图的彩色版本参见www.iste.co.uk/baghdadi/qgis4.zip，2020.10.23

8.3.4 准备 K 因子

K 因子存储在 shapefile 格式的数据中，必须将矢量数据栅格化才可以应用到 RUSLE 方程中。计算 K 因子的步骤见表 8.11。

表 8.11 计算 K 因子的步骤

步骤	QGIS操作
1. 文件检验	在QGIS中： （1）打开文件： facteur_k_dumbea.shp； （2）打开属性表（选择图层，右键单击 → Open Attribute Table），查看k字段包含的实数，其值为0～0.0421。
2. 矢量转栅格	在菜单栏中： （1）单击Raster → Conversion → Rasterize（Vector to raster）… （2）选择输入文件facteur_k_dumbea.shp； （3）Attribute field选择k列； （4）输出文件指定为facteur_k_3163.tif，单击OK； （5）弹出窗口，提示输出文件不存在。必须设置文件大小或分辨率才可创建该文件，单击OK； （6）激活单选按钮Raster resolution in map units per pixel，水平和垂直方向都指定为10.000；

续表

步骤	QGIS操作
2. 矢量转栅格	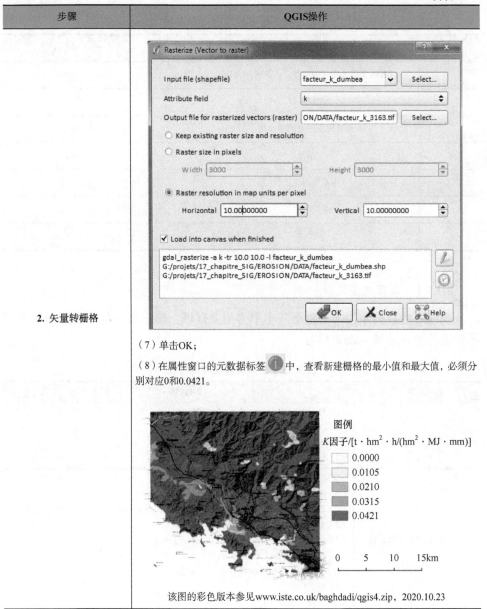 （7）单击OK； （8）在属性窗口的元数据标签 中，查看新建栅格的最小值和最大值，必须分别对应0和0.0421。 该图的彩色版本参见www.iste.co.uk/baghdadi/qgis4.zip，2020.10.23

8.3.5 创建 C 因子

利用 C 值关联到各类土地利用估计 C 因子。[DUM 10b]提供了可选择的值，见表 8.12。

表 8.12　土地覆盖类型及相应的 C 因子值[DUM 10b]

土地覆盖类型	C 因子
森林及邻近森林的植被，红树林密集区	0.001
稀树草原	0.04
超基性土壤上的灌木地	0.25
沼泽	0.28
灌木和稀疏植被	0.72
裸地	1
水体	1

8.3.5.1　裁剪矢量文件

土地覆盖数据库包含了整个新喀里多尼亚区域。第一步是将其裁剪到与 K 因子对应的同一区域（表 8.13）。

表 8.13　裁剪矢量文件的步骤

步骤	QGIS操作
1. 文件检验	在QGIS中： 打开文件： （1）occupation_sol_2008_spot5_objet.shp； （2）8.3.2.2.节创建的masque.shp。
2. 裁剪土地覆盖数据库	在菜单栏中： （1）单击：Vector → Geoprocessing tools → Clip… （2）输入文件选择occupation_sol_2008_spot5_objet.shp； （3）裁剪图层为masque.shp； （4）切勿选择Use only selected features的选项； （5）输出shapefile名称指定为： occupation_sol_2008_spot5_objet_clip.shp； （6）单击OK； （7）检查新建的文件。

8.3.5.2　更新属性表

该更新过程要创建对应 C 因子值的字段，并按照表 8.12 对每个类的 C 值进行填充。更新属性表的步骤见表 8.14。

8 应用 RUSLE 方程构建侵蚀灾害模型

表 8.14 更新属性表的步骤

步骤	QGIS操作
1. 纠正字符错误	在应用条件创建新属性时，一些字符（如 '）可能会对其造成影响。必须将对这些字符进行纠正。 打开如下矢量图层的属性表： occupation_sol_2008_spot5_objet_clip.shp。 在Attribute table中： （1）单击 ε 选择所有CLASSE = *Zones d'habitation*的多边形： 　　a. 在field Expression中，输入以下条件 "GRIDCODE" = 24 　　b. 单击Select。 （2）打开字段计算器： 　　a. 选择Update existing field； 　　b. 选择字段CLASSE； 　　c. 只勾选Only update XXX selected features选项； 　　d. 在field Expression中，添加新属性如下： 'Zone d habitation' 　　e. 单击OK； 　　f. 单击 取消选择。
2. 更新属性表	单击 打开字段计算器。 在Field calculator中： （1）选择Create a new field。 （2）指定字段名：C。 （3）定义字段类型：decimal number（real）。 （4）设定Output field lenght = 12（数字总长度）。 （5）设定Precision = 6（保留小数点后6位）。 （6）在field Expression中，输入以下条件： CASE WHEN "CLASSE" ='Eau douce' THEN 1 WHEN "CLASSE" ='Eau marine' THEN 1 WHEN "CLASSE" ='Forêt sur substratultramafique' THEN 0.001 WHEN "CLASSE" ='Forêt sur substrat volcano- sédimentaire' THEN 0.001 WHEN "CLASSE" ='Mangrove clairsemée' THEN 0.28 WHEN "CLASSE" ='Mangrove dense' THEN 0.001 WHEN "CLASSE" ='Maquis dense paraforestier' THEN 0.001 WHEN "CLASSE" ='Maquisligno-herbacé' THEN 0.25 WHEN "CLASSE" ='Nuages' THEN 0 WHEN "CLASSE" ='Savane' THEN 0.04 WHEN "CLASSE" ='Sol nu sur substrat ultramafique' THEN 1 WHEN "CLASSE" ='Sol nu sur substrat volcano-sédimentaire' THEN 1 WHEN "CLASSE" ='Tanne' THEN 1 WHEN "CLASSE" ='Végétation arbustive sur substrat volcano-sédimentaire' THEN 0.72 WHEN "CLASSE" ='Végétation éparse sur substrat ultramafique' THEN 0.72 WHEN "CLASSE" ='Végétation éparse sur substrat volcano-sédimentaire' THEN 0.72 WHEN "CLASSE" ='Zones cultivées, labours' THEN 0.04 WHEN "CLASSE" ='Zoned habitation' THEN 1 WHEN "CLASSE" ='Zones sombres (non interprétables)' THEN 0 Else 0 End （7）单击OK。

8.3.5.3 栅格化

C因子必须栅格化后才可应用于RUSLE方程。矢量文件栅格化的步骤见表8.15。

表8.15 矢量文件栅格化的步骤

步骤	QGIS操作
1. 文件检验	在QGIS中： （1）打开文件： occupation_sol_2008_spot5_objet_clip.shp； （2）打开属性表（右键单击图层 > Open attribute table），检查C列的值是否在0～1之间。
2. 矢量文件栅格化	在菜单栏中： （1）单击Raster → Conversion → Rasterize（Vector to raster）… （2）输入文件选择occupation_sol_2008_spot5_objet_clip.shp； （3）Attribute field选择c； （4）输出文件指定为facteur_c_3163.tif，单击OK； （5）弹出窗口，显示该输出文件不存在。必须设置文件大小或分辨率才可创建； （6）单击OK； （7）激活单选按钮Raster resolutionin map units per pixel，水平和垂直方向都设为10； （8）单击OK； （9）在属性窗口的源数据标签页 中，确认栅格文件的最小值和最大值分别为0和1； （10）结果为栅格文件，其值为0～1。

续表

步骤	QGIS操作
2. 矢量文件栅格化	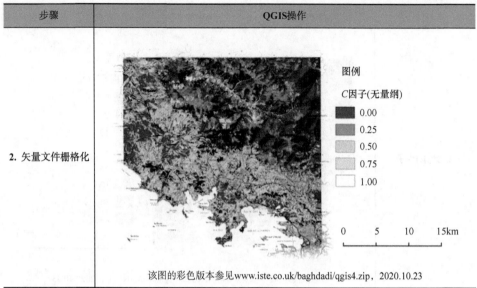 该图的彩色版本参见www.iste.co.uk/baghdadi/qgis4.zip，2020.10.23

8.3.6　基于RUSLE方程计算土壤流失A

计算土壤流失A需要根据式（8.1）将之前准备的因子（R、LS、K和C）相乘，计算土壤流失A的步骤见表8.16。

表8.16　计算土壤流失A的步骤

步骤	QGIS操作
1. 文件检验	在QGIS中： 打开之前生成的文件： （1）facteur_r_3163.tif； （2）facteur_LS_3163.tif； （3）facteur_k_3163.tif； （4）facteur_c_3163.tif。
2. 计算A因子	在菜单栏中： 单击：Raster → Raster Calculator… 在Raster Calculator中： （1）输入以下表达式： "facteur_LS_3163.tif@1"*"facteur_c_3163@1"*"facteur_k_3163@1"*"facteur_r_3163@1" （2）文件保存为pertes_en_sol_A.tif。 结果为栅格文件，其值为0~19321 t/（hm²·a）之间。

续表

步骤	QGIS操作
2. 计算A因子	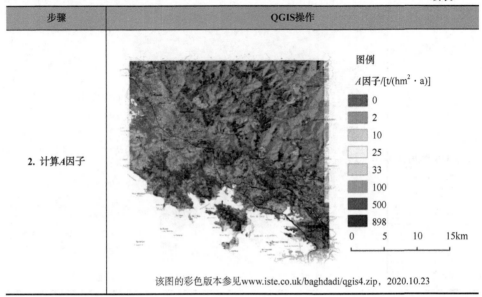 该图的彩色版本参见www.iste.co.uk/baghdadi/qgis4.zip，2020.10.23

8.4　参考文献

[CON 15] CONRAD O., BECHTEL B., BOCK M., et al., "System for Automated Geoscientific Analyses (SAGA) v. 2.1.4", Geoscientific Model Development, vol. 8, no. 7, pp. 1991–2007, 2015.

[DES 96] DESMET P.J.J., GOVERS G., "A GIS Procedure for Automatically Calculating the USLE LS Factor on Topographically Complex Landscape Units", Journal of Soil and Water Conservation, vol. 51, no. 5, pp. 427–433, 1996.

[DTS 08] DTSI, "Notice de La Classification de L'occupation Du Sol de La Nouvelle- Calédonie Par Approche Objet V1.0-2008", available at: http://sig-public.gouv.nc/Notice-Occupationdusol2008-SPOT5-approcheobjet.pdf, 2008.

[DUM 10a] DUMAS P., PRINTEMPS J., MANGEAS M. et al., "Developing Erosion Models for Integrated Coastal Zone Management: A Case Study of The New Caledonia West Coast", Marine Pollution Bulletin, vol. 61, nos 7–12, pp. 519–529, 2010.

[DUM 10b] DUMAS P., PRINTEMPS J., "Assessment of Soil Erosion Using USLE Model and GIS for Integrated Watershed and Coastal Zone Management in the South Pacific Islands", Proceedings Interpraevent, International Symposium in Pacific Rim, Taipei, Taiwan, pp. 856–866, 2010.

[HIJ 05] HIJMANS R.J., CAMERON S.E., PARRA J.L. et al., "Very High Resolution Interpolated Climate Surfaces for Global Land Areas", International Journal of Climatology, vol. 25, no. 15, pp. 1965–1978, 2005.

[LAC 17] LACAZE B., DUDEK J., PICARD J., "GRASS GIS Software with QGIS", in BAGHDADI N., MALLET C., ZRIBI M. (eds), QGIS and Generic Tools, ISTE Ltd, London and John Wiley & Sons, New York, 2017.

[LAT 78] LATHAM M., QUANTIN P., AUBERT G., Etude des sols de la Nouvelle-Calédonie: nouvel essai sur la classification, la caractérisation, la pédogenèse et les aptitudes des sols de Nouvelle-Calédonie : carte pédologique de la Nouvelle-Calédonie à 1/1 000 000: carte d'aptitudes culturale et forestière des sols de Nouvelle-Calédonie à 1/1 000 000, Notice Explicative 78, ORSTOM, Paris, 1978.

[MOO 89] MOORE I.D., NIEBER J.L., "Landscape Assessment of Soil Erosion and Nonpoint Source Pollution", Journal of th Minnesota Academy of Science (USA), vol. 55, pp. 18–25, 1989.

[MOO 91] MOORE I.D., GRAYSON R.B., LADSON A.R., "Digital Terrain Modelling: A Review of Hydrological, Geomorphological, and Biological Applications", Hydrological Processes, vol. 5, no. 1, pp. 3–30, 1991.

[PAN 91] PANUSKA J.C., MOORE I.D., Water Quality Modeling: Terrain Analysis and the Agricultural Non-Point Source Pollution (AGNPS) Model, Water Resources Research Center, University of Minnesota, 1991.

[PAY 12] PAYET E., DUMAS P., PENNOBER G., "Modélisation de l'érosion hydrique des sols sur un bassin versant du sud-ouest de Madagascar, le Fiherenana", VertigO, vol. 11, no. 3, 2012.

[QGI 17] QGIS, "Découvrez QGIS", available at: https://www.qgis.org/fr/site/about/index. html, 2017.

[REN 94] RENARD K.G., FREIMUND J.R., "Using Monthly Precipitation Data to Estimate the R-Factor in the Revised USLE", Journal of Hydrology, vol. 157, no. 1, pp. 287–306, 1994.

[REN 97] RENARD K.G., FOSTER G.R., WEESIES G.A. et al., Predicting Soil Erosion by Water: A Guide to Conservation Planning With the Revised Universal Soil Loss Equation (RUSLE), Agriculture Handbook Number 703, United States Department of Agriculture, Agricultural Research Service, 1997.

[ROO 77] ROOSE E.J., "Use of the Universal Soil Loss Equation to Predict Erosion in West Africa", in GREENLAND J., LAL R. (eds), Soil Erosion: Prediction and Control, Soil Conservation Society of America, 1977.

[STO 11] STONE R.P., HILBORN D., Universal Soil Loss Equation (USLE) Factsheet Order No. 12-051. Ministry of Agriculture, Food and Rural Affairs, Ontario, 2011.

[TAR 05] TARBOTON D.G., Terrain Analysis Using Digital Elevation Models (TauDEM), Utah State University, Logan, 2005.

[WIS 71] WISCHMEIER W.H., JOHNSON C.B., CROSS B.V., "Soil Erodibility Nomograph for Farmland and Construction Sites", Journal of Soil and Water Conservation, vol. 26, pp. 189-193, 1971.

[WIS 78] WISCHMEIER W.H., SMITH D.D., Predicting rainfall erosion losses – a guide to conservation planning, United States Department of Agriculture, 1978.